技工院校省级示范专业群建设规划教材

机电一体化设备安装与调试

刘晓华　主　编

段慧龙　副主编

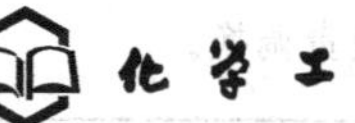

化学工业出版社

·北京·

本书共分为五个项目，包括用PLC实现电动机的基本控制、通用变频器的基本知识、触摸屏基本知识与使用、机电一体化设备的拆装及调试、机电一体化设备的调试技术。书中内容图文并茂，实用性强。

本书可作为职业学校、技工学校的教材，也可作为相关人员培训教材，还可以作为技术人员学习用书。

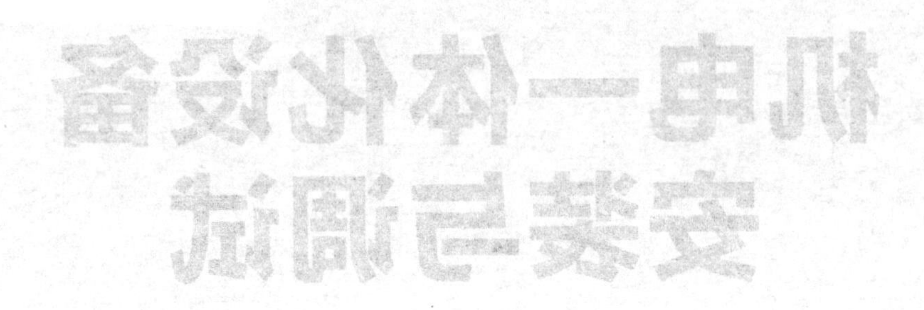

图书在版编目（CIP）数据

机电一体化设备安装与调试/刘晓华主编．—北京：化学工业出版社，2015.12（2024.8重印）

ISBN 978-7-122-25471-9

Ⅰ．①机…　Ⅱ．①刘…　Ⅲ．①机电一体化-设备安装-中等专业学校-教材②机电一体化-设备-调试方法-中等专业学校-教材　Ⅳ．①TH-39

中国版本图书馆CIP数据核字（2015）第248529号

责任编辑：韩庆利　　　　装帧设计：王晓宇

责任校对：王　静

出版发行：化学工业出版社（北京市东城区青年湖南街13号　邮政编码100011）

印　　刷：北京盛通数码印刷有限公司

787mm×1092mm　1/16　印张9½　字数325千字　2024年8月北京第1版第6次印刷

购书咨询：010-64518888

售后服务：010-64518899

网　　址：http：//www.cip.com.cn

凡购买本书，如有缺损质量问题，本社销售中心负责调换。

定　　价：24.00元

泰安技师学院“电气自动化设备安装与维修专业群”是山东省首批技工院校省级示范专业群建设项目。为做好这一建设项目，学院省级示范专业群建设领导小组，按照省级示范专业群建设项目要求，组织开发编写《机电一体化设备安装与调试》，本书为示范专业群建设项目内容之一。

机电一体化设备安装与调试是针对职业院校机电专业编写的一体化教材。以“理论够用，重视操作”为原则，注重技能操作和劳动安全意识的培养。共分五个学习项目，主要包括：用 PLC 实现电动机的基本控制、通用变频器的基本知识、触摸屏基本知识与使用、机电一体化设备的拆装及调试、机电一体化设备的调试技术等内容。

本书具有以下特点：

1. 模拟企业现场，坚持“课堂即车间”的一体化教学模式，重点培养学生的技能操作水平和劳动安全意识。

2. 遵循学生的认知规律，由浅入深，循序渐进。以项目化的形式展开教学，以学生“做”为重点，突出动手能力的培养。

3. 以就业为导向，图文并茂，注重新工艺、新技能、新知识学习，培养学生职业能力，适应职业岗位需求。

本书刘晓华任主编，段慧龙任副主编。吕杰和李骞同志参加了教材的编写。刘晓华编写项目二及项目三，段慧龙编写项目一中的任务二、任务三，项目四（制图知识除外）及项目五。吕杰编写项目一中的任务一。李骞编写项目四中制图知识。

本书在编写过程中，得到学院专业群建设领导小组的大力支持，刘福祥和孟宪雷同志提出了许多宝贵意见，在此一并致谢。

由于编者经验不足，水平有限，书中难免存在缺点和不足，敬请广大读者和同行批评指正。

编者

目录 CONTENTS

项目一

用PLC实现电动机的基本控制

知识目标

1. 了解 PLC 的基本知识。
2. 掌握 FX3u 可编程序控制器的基本编程规则。
3. 掌握 FX3u 可编程序控制器的编程思路与步骤。

技能目标

1. 掌握 GX Developer 编程软件的使用。
2. 掌握 FX3u 可编程序控制器解决电动机基本控制的方法及步骤。
3. 掌握 FX3u 可编程序控制器的安装接线工艺。
4. 学会编写用 PLC 实现电动机控制的程序。

项目概述

在工业生产中，电动机是主要的拖动设备。根据生产工艺的需要，要对电动机进行直接启动控制、正反转控制、降压启动控制、顺序控制、调速控制等。另外为保证设备的正常运行，还要增加必要的保护及报警控制。PLC 控制系统可以提高继电器控制系统的可靠性，可以方便地对控制系统进行升级改造，是电气控制发展的趋势。通过本项目的学习，可以掌握 PLC 的基本编程规则、编程思路与步骤。能实现对电动机基本线路的 PLC 改造。

任务一 认识三菱 FX3u 型 PLC 及掌握编程软件的使用

任务描述

可编程序控制器（PLC）是一种工业控制器，它具有体积小、工作可靠性高、抗干扰能力强、控制功能完善、编程简单易学、安装接线简单等优点。所以它在工业生产过程中的应用越来越广泛。而理解可编程序控制器的定义及工作原理，掌握 GX Developer 编程软件的安装及使用是学习 PLC 的基础。

任务分析

本任务中，通过三盏灯间隔 5s 循环点亮的实例来认识三菱 FX3u 型 PLC 及学习 GX Developer 编程软件的使用。

知识准备

一、可编程控制器的定义

可编程序控制器问世于 1969 年，是美国汽车制造工业激烈竞争的结果。更新汽车型号必然要求加工生产线改变。正是从汽车制造业开始了对传统继电器控制的挑战。1968 年美国 General Motors 公司，要求制造商为其装配线提供一种新型的通用程序控制器。1969 年，美国数据设备公司（DEC）研制出世界上第一台可编程控制器，并成功地应用在 GM 公司的生产线上。

1985 年 1 月，国际电工委员会的定义："可编程序控制器是一种数字运算的电子系统，专为工业环境下应用而设计。它采用可编程序的存储器，用来在内部存储执行逻辑运算、顺序控制、定时、计数和算术运算等操作的指令，并通过数字式、模拟式的输入和输出，控制各种类型的机械或生产过程。可编程序控制器及其有关设备，都应按易于与工业控制系统连成一个整体，易于扩充的原则设计"。

定义强调了 PLC 应直接应用于工业环境，必须具有很强的抗干扰能力、广泛的适应能力和广阔的应用范围，这是区别于一般微机控制系统的重要特征。同时，也强调了 PLC 用软件方式实现的"可编程"与传统控制装置中通过硬件或硬接线的变更来改变程序的本质区别。

近年来，可编程控制器发展很快，几乎每年都推出不少新系列产品，其功能已远远超出了上述定义的范围。

二、PLC 的系统结构及作用

1. PLC 的系统结构

PLC 的系统结构如图 1-1-1 所示。

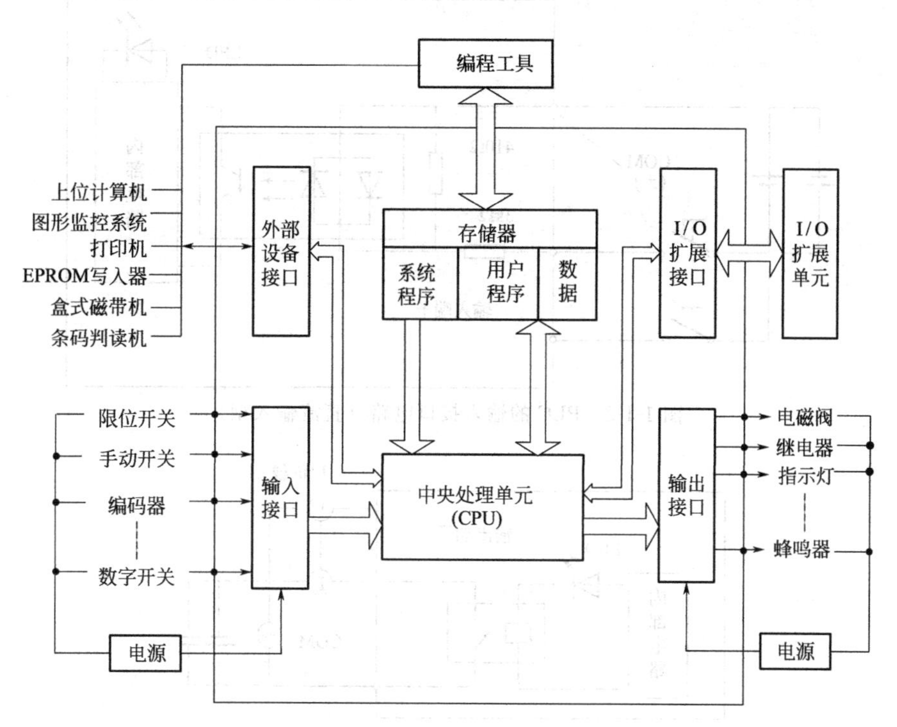

图 1-1-1 PLC 的系统结构

2. PLC 各部分的作用

(1) CPU

① 诊断 PLC 电源、内部电路的工作状态及编制程序中的语法错误。

② 采集现场的状态或数据，并送入 PLC 的寄存器中。

③ 逐条读取指令，完成各种运算和操作。

④ 将处理结果送至输出端。

⑤ 响应各种外部设备的工作请求。

(2) 存储器

① 系统程序存储器：用以存放系统管理程序、监控程序及系统内部数据。PLC 出厂前已将其固化在只读存储器 ROM 或 PROM 中，用户不能更改。

② 用户存储器：包括用户程序存储区及工作数据存储区。这类存储器一般由低功耗的 CMOS-RAM 构成，其中的存储内容可读出并更改。

(3) 输入输出接口电路

① 输入接口电路：采用光电耦合电路，将限位开关、手动开关、编码器等现场输入设备的控制信号转换成 CPU 所能接受和处理的数字信号。如图 1-1-2 所示。

② 输出接口电路：采用光电耦合电路，将 CPU 处理过的信号转换成现场需要的强电信号输出，以驱动接触器、电磁阀等外部设备的通断电。有三种类型：

a. 继电器输出型：为有触点输出方式，用于接通或断开开关频率较低的直流负载或交流负载回路。如图 1-1-3 所示。

b. 晶闸管输出型：为无触点输出方式，用于接通或断开开关频率较高的交流电源负载。如图 1-1-4 所示。

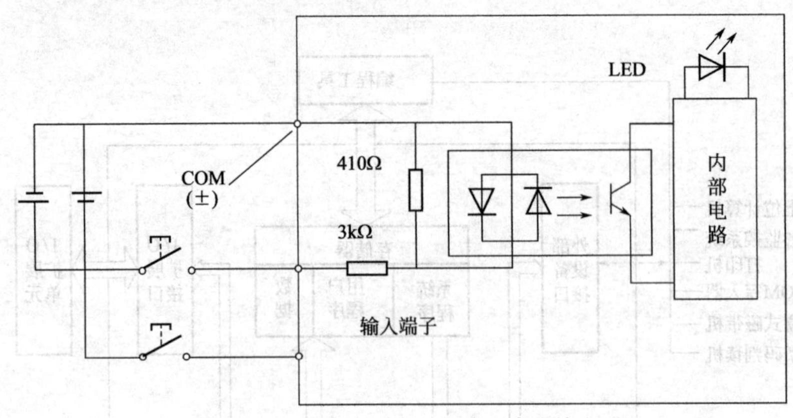

图 1-1-2　PLC 的输入接口电路（直流输入型）

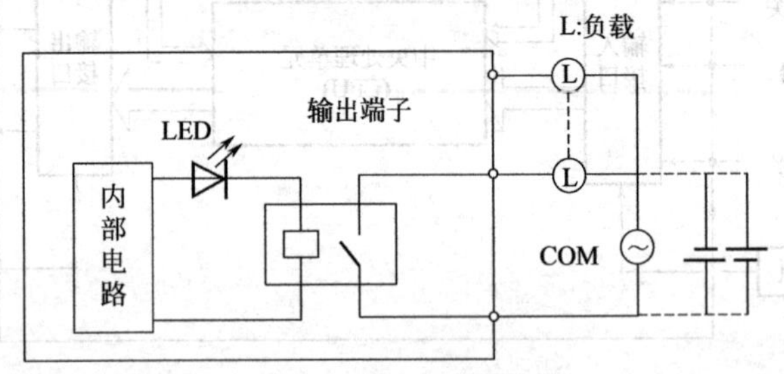

图 1-1-3　继电器输出型

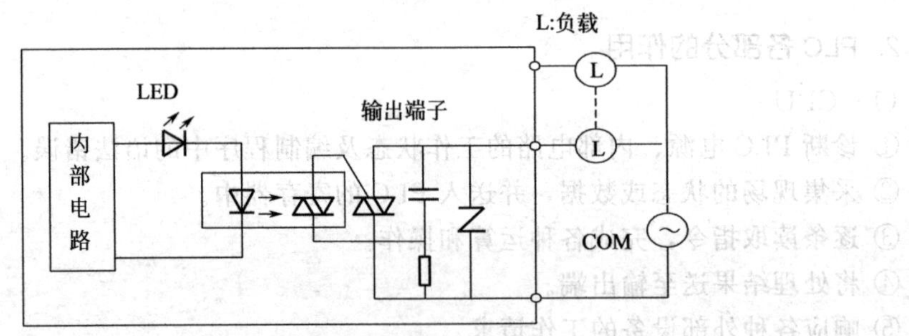

图 1-1-4　晶闸管输出型

c. 晶体管输出型：为无触点输出方式，用于接通或断开开关频率较高的直流电源负载。如图 1-1-5 所示。

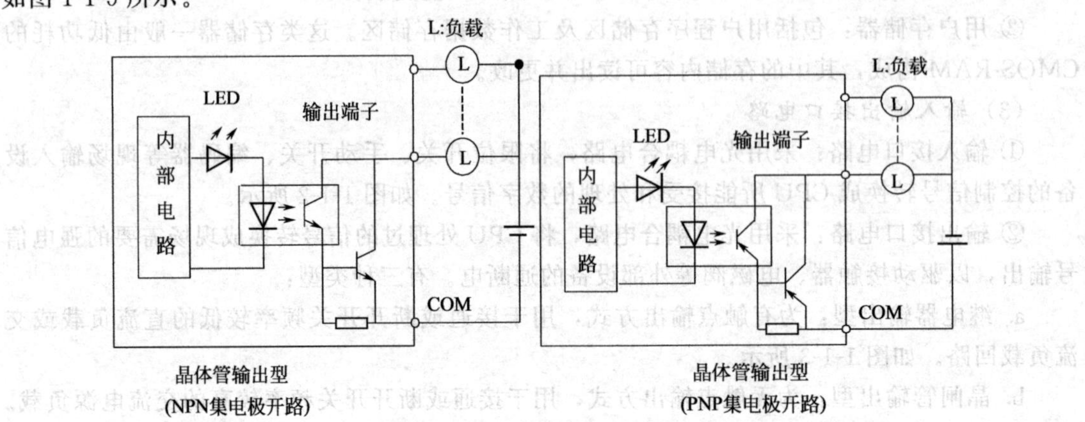

图 1-1-5　晶体管输出型

（4）电源

PLC的电源是指将外部输入的交流电处理后转换成满足PLC的CPU、存储器、输入输出接口等内部电路工作需要的直流电源电路或电源模块。许多PLC的直流电源采用直流开关稳压电源，不仅可提供多路独立的电压供内部电路使用，而且还可为输入设备提供标准电源。

（5）编程工具

手持编程器采用助记符语言编程，具有编辑、检索、修改程序、进行系统设置、内存监控等功能。可一机多用，具有使用方便、价格低廉的特点。缺点是不够直观。

最常用的是通过PLC的RS232外设通讯口（或RS422口配以适配器）与计算机联机，利用专用工具软件（GX Developer）对PLC进行编程和监控。利用计算机进行编程和监控比手持编程工具更加直观和方便。

（6）输入输出I/O扩展接口

若主机单元的I/O点数不能满足需要时，可通过此接口用扁平电缆线将I/O扩展单元与主机相连，以增加I/O点数。PLC的最大扩展能力主要受CPU寻址能力和主机驱动能力的限制。

3. PLC的工作过程

PLC的扫描工作过程除了执行用户程序外，在每次扫描工作过程中还要完成内部处理、通信服务工作。如图1-1-6所示，整个扫描工作过程包括内部处理、通信服务、输入采样、程序执行、输出刷新五个阶段。整个过程扫描执行一遍所需的时间称为扫描周期。扫描周期与CPU运行速度、PLC硬件配置及用户程序长短有关，典型值为1～100ms。

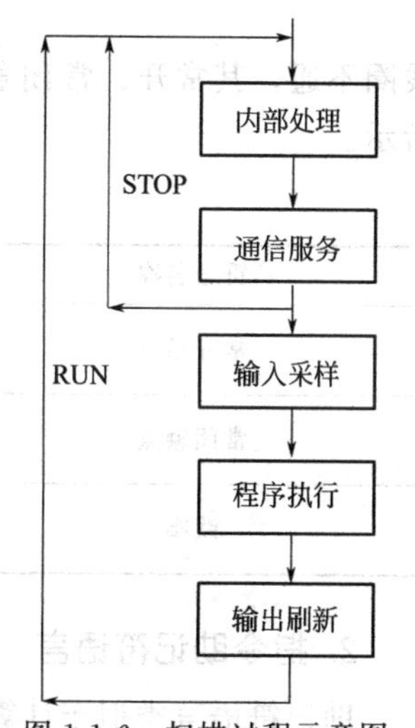

图1-1-6　扫描过程示意图

在内部处理阶段，进行PLC自检，检查内部硬件是否正常，对监视定时器（WDT）复位以及完成其他一些内部处理工作。

在通信服务阶段，PLC与其它智能装置实现通信，响应编程器键入的命令，更新编程器的显示内容等。

当PLC处于停止（STOP）状态时，只完成内部处理和通信服务工作。当PLC处于运行（RUN）状态时，除完成内部处理和通信服务工作外，还要完成输入采样、程序执行、输出刷新工作。

PLC的扫描工作方式简单直观，便于程序的设计，并为可靠运行提供了保障。当PLC扫描到的指令被执行后，其结果马上就被后面将要扫描到的指令所利用，而且还可通过CPU内部设置的监视定时器来监视每次扫描是否超过规定时间，避免由于CPU内部故障使程序执行进入死循环。

PLC执行程序的过程分为三个阶段，即输入采样阶段、程序执行阶段、输出刷新阶段。

输入采样阶段：首先以扫描方式按顺序将所有暂存在输入锁存器中的输入端子的通断状态或输入数据读入，并将其写入各对应的输入状态寄存器中，即刷新输入。随即关闭输入端口，进入程序执行阶段。

程序执行阶段：按用户程序指令存放的先后顺序扫描执行每条指令，经相应的运算和处理后，其结果再写入输出状态寄存器中，输出状态寄存器中所有的内容随着程序的执行而改变。

输出刷新阶段：当所有指令执行完毕，输出状态寄存器的通断状态在输出刷新阶段送至输出锁存器中，并通过一定的方式（继电器、晶体管或晶闸管）输出，驱动相应输出设备工作。

三、PLC的编程语言

PLC采用梯形图语言、指令助记符语言、顺序功能图、布尔代数语言等。其中梯形图、指令助记符语言最为常用。

PLC的设计和生产至今尚无国际统一标准，不同厂家所用语言和符号也不尽相同。但它们的梯形图语言的基本结构和功能是大同小异的。

1. 梯形图语言

梯形图是在原继电器——接触器控制系统的继电器梯形图基础上演变而来的一种图形语言，包括常开触点、常闭触点和线圈，是目前用得最多的PLC编程语言。如图1-1-7所示。

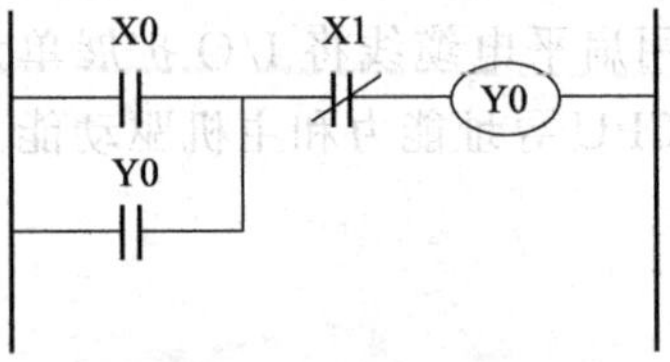

X0 X1 Y0
Y0

图1-1-7 梯形图语言

梯形图表示的并不是一个实际电路而只是一个控制程序，其间的连线表示的是它们之间的逻辑关系，即所谓“软接线”。每个“软继电器”仅对应PLC存储单元中的一位。该位状态为“1”时，对应的继电器线圈接通，其常开触点闭合、常闭触点断开；状态为“0”时，对应的继电器线圈不通，其常开、常闭触点保持原态。继电器电路图与梯形图符号对照表如表1-1-1所示。

表1-1-1 继电器电路图与梯形图符号对照表

符号名称	继电器符号	梯形图符号
常开触点	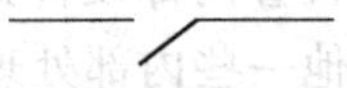	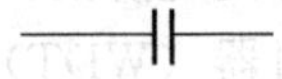
常闭触点		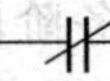
线圈	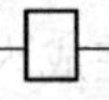	 或( )

2. 指令助记符语言

助记符语言类似于计算机汇编语言，用一些简洁易记的文字符号表达PLC的各种指令。同一厂家的PLC产品，其助记符语言与梯形图语言是相互对应的，可互相转换。助记符语言常用于手持编程器中，梯形图语言则多用于计算机编程环境中。指令助记符语言如表1-1-2所示。

表1-1-2 指令助记符语言

指 令	操 作 数(操作元件)
LD	X0
OR	Y0
AND	X1
OUT	Y0

3. 顺序功能图

顺序功能图编程方式采用工艺流程图，只要在每一个工艺方框的输入和输出端，标上特定的符号即可。对于在工厂中搞工艺设计的人来说，用这种方法编程，不需要很多的电气知识，非常方便。如图 1-1-8 所示。

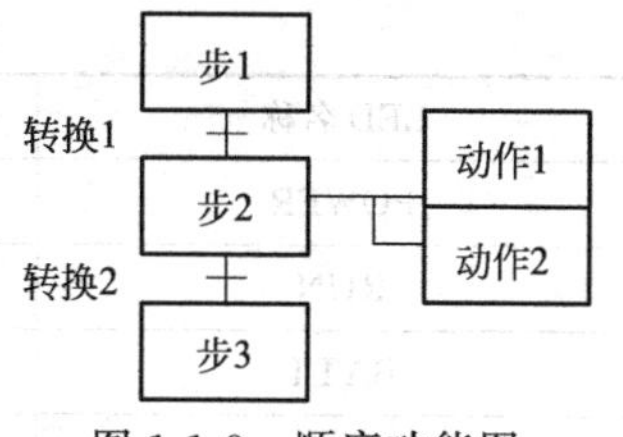

图 1-1-8　顺序功能图

4. 高级语言

在一些大型 PLC 中，为了完成一些较为复杂的控制，采用功能很强的微处理器和大容量存储器，将逻辑控制、模拟控制、数值计算与通信功能结合在一起，使 PLC 具有更强的功能。

四、FX3u 型 PLC 及其编程软件

FX 系列 PLC 是由三菱公司近年来推出的高性能小型可编程控制器，以逐步替代三菱公司原 F、F1、F2 系列 PLC 产品。其中 FX2 是 1991 年推出的产品，三菱 FX3u-48MR/ES-A 型 PLC 是三菱第三代小型可编程控制器，是 FX 系列的高档机。具有较高的性能价格比，应用广泛。它们采用整体式和模块式相结合的叠装式结构。

1. 认识 FX3u 型 PLC

FX3u 型 PLC 外形及各部分名称如图 1-1-9 所示。FX3u 型 PLC LED 指示灯的作用如表 1-1-3 所示。各个接线端子的名称如图 1-1-10 所示。

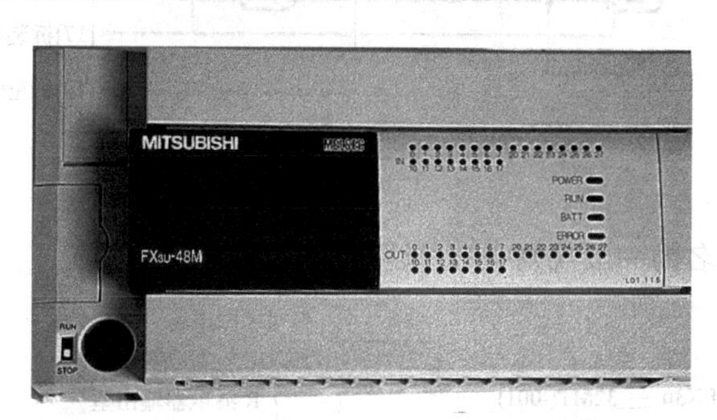

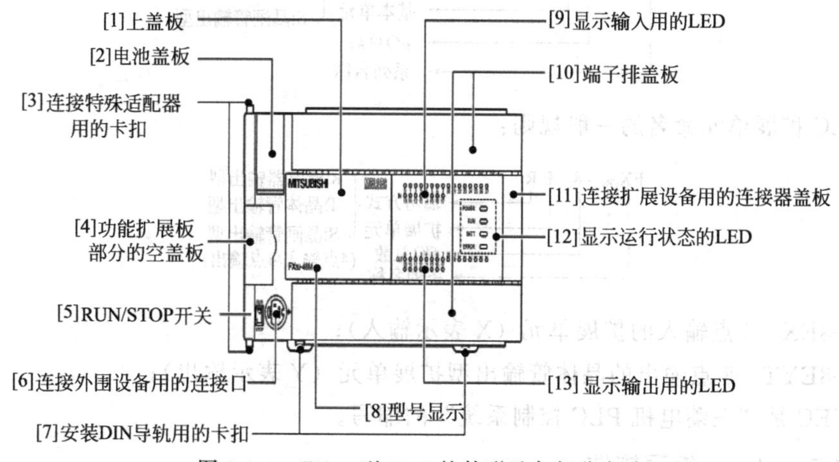

图 1-1-9　FX3u 型 PLC 的外形及各部分名称

表 1-1-3　FX3u 型 PLC LED 指示灯的作用

LED 名称	显示颜色	内容
POWER	绿色	通电状态下灯亮
RUN	绿色	运行中灯亮
BATT	红色	电池电压降低时灯亮
ERROR	红色	程序错误时闪烁
	红色	CPU 错误时灯亮

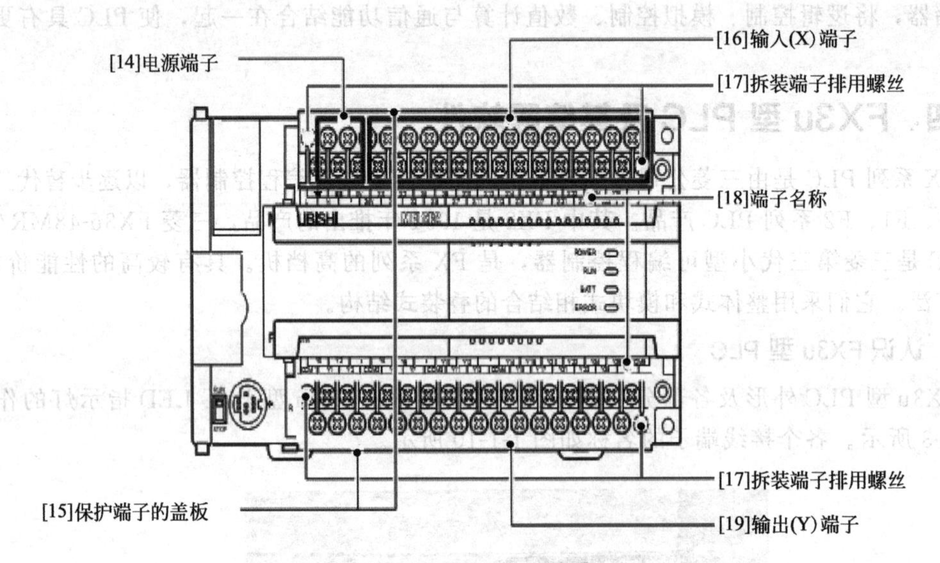

图 1-1-10　接线端子的名称

FX PLC 基本单元命名的一般规则：

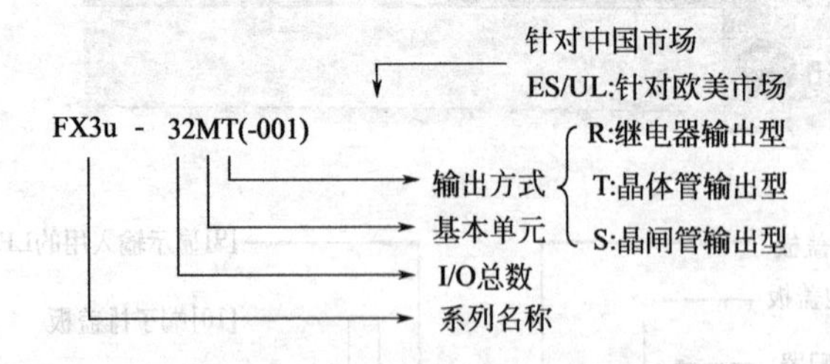

FX PLC 扩展单元命名的一般规则：

例

FX_{ON} - 8　E R

输出方式　R:继电器输出型　T:晶体管输出型　S:晶闸管输出型

扩展单元

I/O总数　(4点输入/4点输出)

系列名称

FX_{ON}-8EX　8 点输入的扩展单元（X 表示输入）；

FX_{ON}-8EYT　8 点输出的晶体管输出型扩展单元（Y 表示输出）；

MELSEC 是“三菱电机 PLC 控制系统”的缩写。

2. GX Developer 编程软件

GX Developer 是应用于 FX 系列 PLC 的编程软件，可在 Windows 下运行。该软件适合

FX2n、FX3u等多种机型，利用编程软件，能方便地切换编程方式，并建立注释数据及设置寄存器数据等。还可以对程序进行编辑、改错、核对，并可将计算机中的数据下载到PLC中，也可从PLC中上载程序。该软件还可对运行中的程序进行监控、在线修改等。

（1）编程软件的安装

GX Developer编程软件要求计算机配置具有Windows9X、Windows2000或Windows XP等使用环境，有100MB以上内存，有硬盘、鼠标、显示器等外部配置。

安装方法如下：

① 打开三菱PLC编程软件GX DEVELOPER文件夹，先安装“通用环境”，点击文件夹“EnvMEL”，再点击“SETUP”进行软件安装。安装“通用环境”如图1-1-11所示。

图1-1-11　安装“通用环境”

② 按提示要求输入序列号（注意，不同软件的序列号会不相同）。序列号输入如图1-1-12所示。

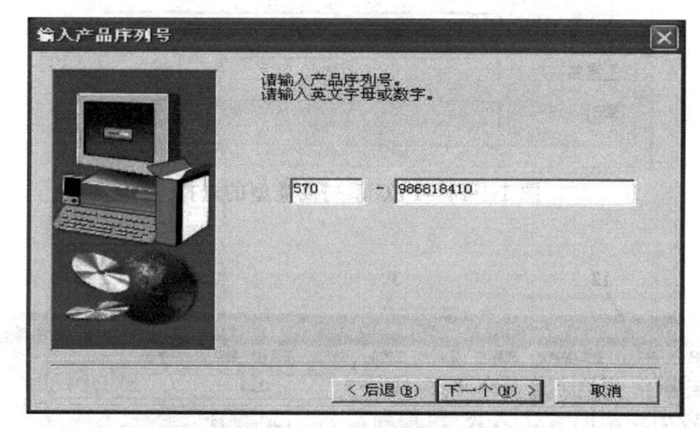

图1-1-12　序列号的输入

③ 一直点击“下一个”，最后点击“确定”，安装完成。

④ 点击“开始”，在“程序”里可以找到安装好的文件。如图1-1-13所示。

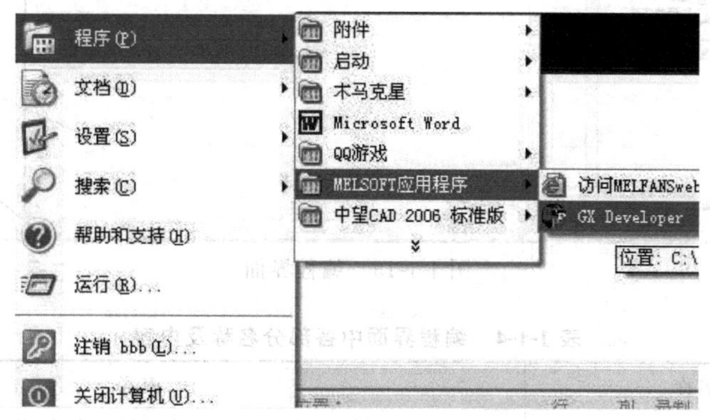

图1-1-13　开始菜单中的应用程序

（2）梯形图编辑

① PLC类型的选择。双击可执行文件“GX Developer”图标，打开编辑软件，双击“文件”菜单，单击“新文件”命令，或单击图示 GX Developer，出现“PLC类型设置”对话框。提示所用PLC型号选择PLC类型，单击“确定”，进入编程界面。PLC系列及类型的选择，如图1-1-14所示。编程界面如图1-1-15所示。编程界面中各部分名称及内容如表1-1-4所示。

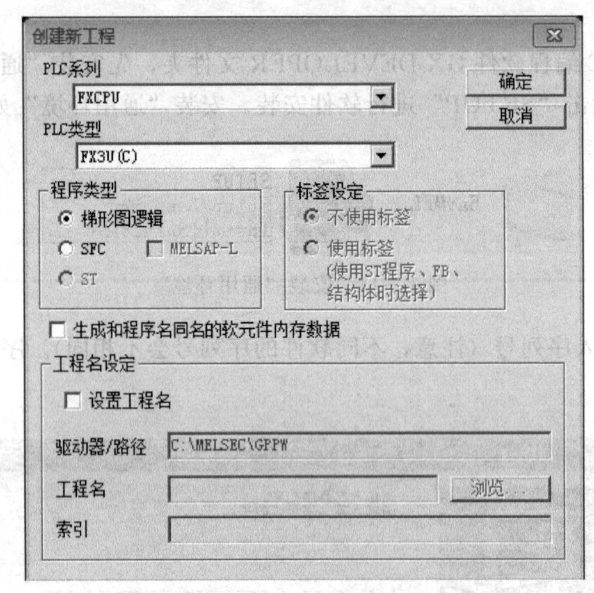

图1-1-14　PLC系列及类型的选择

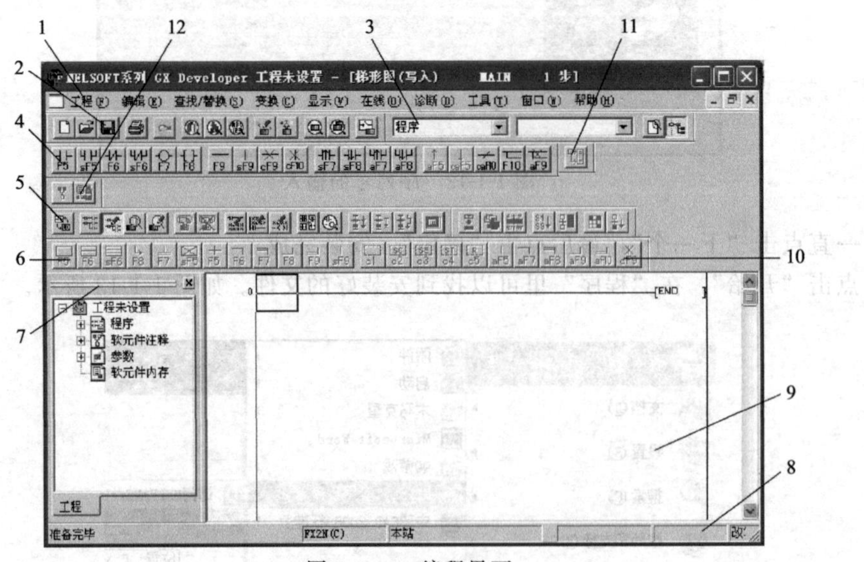

图1-1-15　编程界面

表1-1-4　编程界面中各部分名称及内容

序号	名称	内容
1	下拉菜单	包含工程、编辑、查找/替换、交换、显示、在线、诊断、工具、窗口、帮助，共10个菜单

续表

序号	名称	内容
2	标准工具条	由工程菜单、编辑菜单、查找/替换菜单、在线菜单、工具菜单中常用的功能组成
3	数据切换工具条	可在程序菜单、参数、注释、编程元件内存这四个项目中切换
4	梯形图标记工具条	包含梯形图编辑所需要使用的常开触点、常闭触点、应用指令等内容
5	程序工具条	可进行梯形图模式，指令表模式的转换；进行读出模式，写入模式，监视模式，监视写入模式的转换
6	SFC 工具条	可对 SFC 程序进行块变换、块信息设置、排序、块监视操作
7	工程参数列表	显示程序、编程元件注释、参数、编程元件内存等内容，可实现这些项目的数据的设定
8	状态栏	提示当前的操作：显示 PLC 类型以及当前操作状态等
9	操作编辑区	完成程序的编辑、修改、监控等的区域
10	SFC 符号工具条	包含 SFC 程序编辑所需要使用的步、块启动步、选择合并、平行等功能键
11	编程元件内存工具条	进行编程元件的内存的设置
12	注释工具条	可进行注释范围设置或对公共/各程序的注释进行设置

② 编辑语言的选择。GX DEVELOPER 编辑软件提供梯形图、指令表和 SFC 三种编程语言可以选择。例如，选择梯形图编辑语言，可以进行梯形图程序的输入与编辑等。

③ 输入触点。输入串联触点时，按 F5 键，则出现图 1-1-16 所示对话框，再输入组件号，例如 X0，单击“确认”或回车后，在光标处即出现一个串联常开触点，并在其上方标注了组件号；当需要输入一个串联常闭触点时，单击功能键 F6 键，其他操作同上。

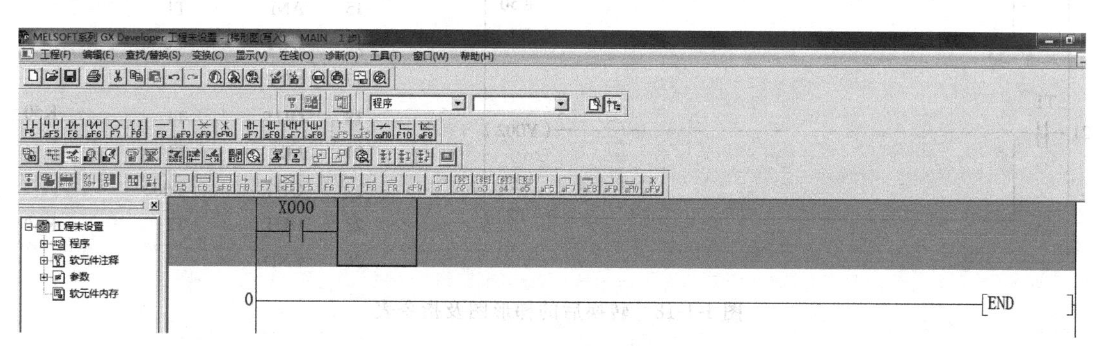

图 1-1-16　触点的输入

当需要输入一个并联常开或常闭触点时，则将光标移到该处，用鼠标单击常开或常闭触点，输入元件号，则在光标位置出现了一个常开或常闭的并联触点。

④ 输入线圈。Y、S、M、T、C 等继电器的线圈输入方法为：按 F7 键，出现图 1-1-17 所示的对话框，输入线圈的对话框，输入线圈元件号，如 Y0，“确定”或回车，在光标所在

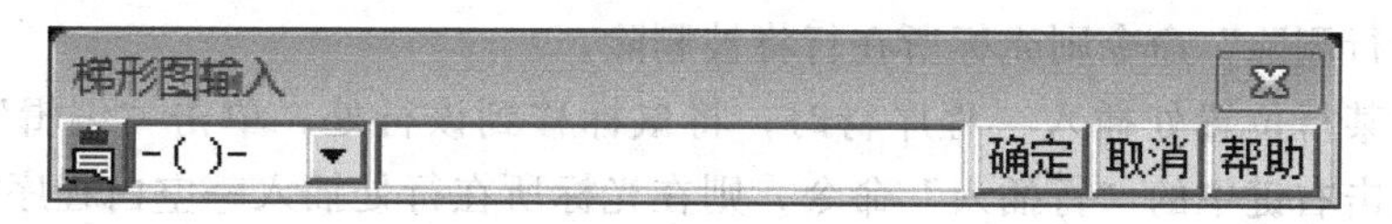

图 1-1-17　线圈的输入

行的右方出现 Y0 线圈符号，与右母线相连。如输入定时器 T 或计数器 C 的线圈，则在图中空白处由键盘键入 T0　K3 或键入 C0　K2，单击“确定”或回车，即在光标所在行的右方会出现定时器 T0 的线圈符号（T0 K3）或计数器 C0 的线圈符号（C0　K2）。

⑤ 梯形图的转换。使用梯形图编辑窗口创建程序时，梯形图处于灰色状态，此时如果关闭梯形图编辑窗口，所创建的程序将被清除。所以在梯形图编写完成后，或编写的梯形图过长时，都应进行转换。转换的方法有两种：单击屏幕图标　或单击工具栏上的 变换(C) 命令均可。

转换完成后，灰色的背影将转换成白色，同时在梯形图的左侧标出指令步序号，如图 1-1-18 所示。只有完成程序转后，才能进行梯形图与指令表之间的转换。

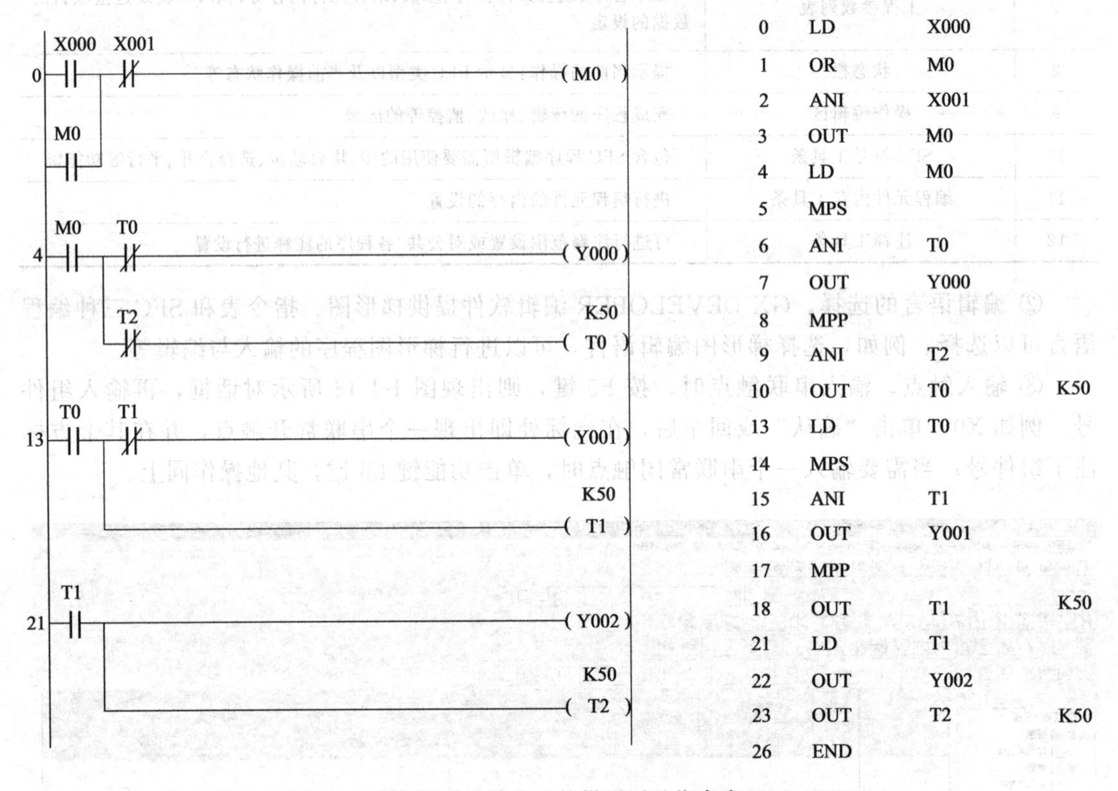

图 1-1-18　转换后的梯形图及指令表

（3）程序的修改和删除

① 程序的修改。单击选中要修改的程序，输入正确的字母或数字。

② 软元件的删除。要进行触点、线圈、应用指令、横线的删除时，先要把鼠标移到想要删除的位置，单击。再单击“编辑”菜单，选择“删除”命令。则该软元件被删除。被删除处将留下一空隙，必须用新软元件或横线补上。

要删除某程序行，先将鼠标移到该行开始处，单击。此处会出现光标，再单击“编辑”菜单，选择“行删除”命令则光标所在行将被删除。

要确认在某行位置处插入一程序行时，将鼠标移到该行处，单击“编辑”中的“行插入”命令或点击右键中的“行插入”命令，则在光标所在行处插入一空白程序行，原来的程序行往下移一行。

（4）程序的检查

程序输入完成后，如果需要进行程序检查可以选择“工具”菜单下的“程序检查”命令，如图1-1-19所示。

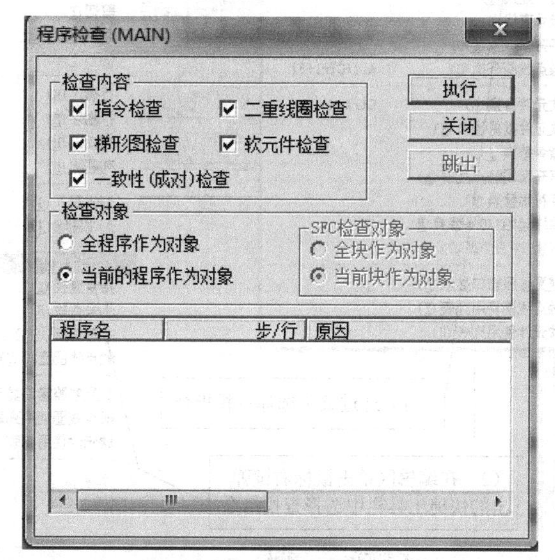

图1-1-19　程序的检查

（5）程序的读取与写入

① 程序的读取。程序的上载是指把PLC内的程序读入到计算机中，其步骤如下：

a. 使用编程电缆将计算机的RS-232C串口和PLC的RS-422编程器接口连接好。

b. 选择“PLC”菜单下的“端口设置”菜单，然后根据实际情况选择计算机与PLC通信的RS-232C串口（默认com1）和波特率（9600bit/s）。

c. 选择“在线”子菜单中的“PLC读取”命令，在弹出“PLC”类型选择。对话框中选择实际使用后的PLC类型后，单击“确认”，PLC中的程序将读入到计算机软件中，及时保存即可。

② 程序的写入。程序的写入是指把计算机中的程序写到PLC中，该操作的前两步骤和上载一样，第3步是：将主机开关拔在“STOP”位置，选择“在线”子菜单中的“PLC写入”命令，将计算机中的程序传送到PLC中。

（6）查找及注释

① 查找/替换　选择查找功能时可以通过以下两种方式来实现（见图1-1-20）：

通过点选查找/替换下拉菜单选择查找指令；在编辑区单击鼠标右键，选择“查找”指令。

查找/替换菜单中的替换功能根据替换对象不同，可分为编程元件替换、指令替换、常开常闭触点替换、字符串替换等。

② 软元件替换　通过该指令的操作可以用一个或连续几个元件把旧元件替换掉，在实际操作过程中，可根据用户的需要或操作习惯对替换点数、查找方向等进行设定，方便使用者操作。

操作步骤：

a. 选择查找/替换菜单中编程元件替换功能，并显示编程元件替换窗口，如图1-1-21所示。

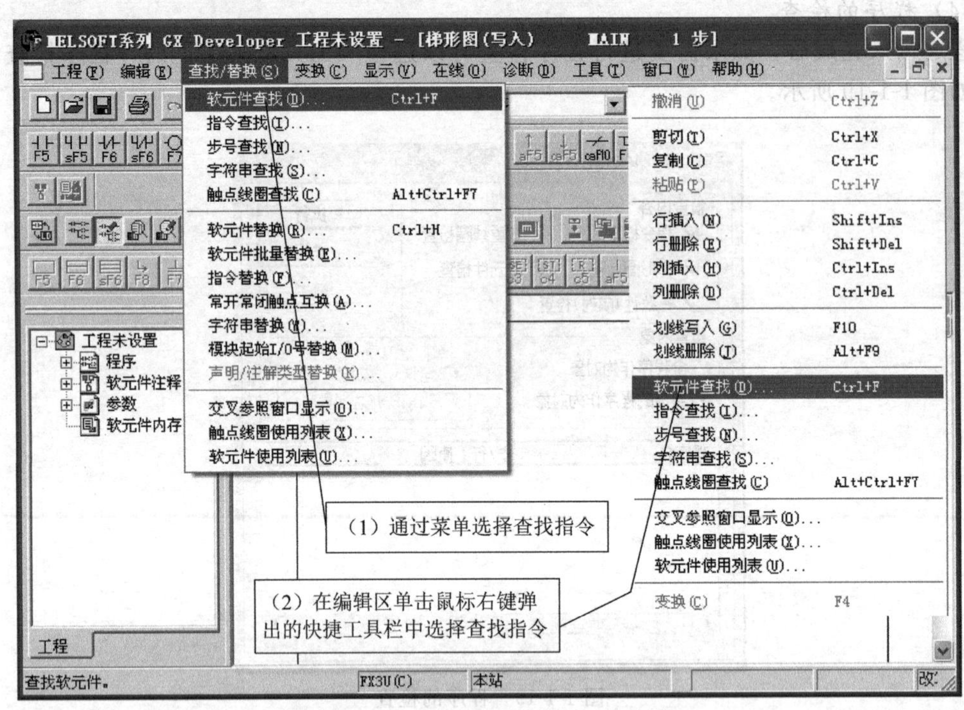

图 1-1-20 选择查找指令的两种方式

b. 在旧元件一栏中输入将被替换的元件名。

c. 在新元件一栏中输入新的元件名。

d. 根据需要可以对查找方向、替换点数、数据类型等进行设置。

e. 执行替换操作，可完成全部替换、逐个替换、选择替换。

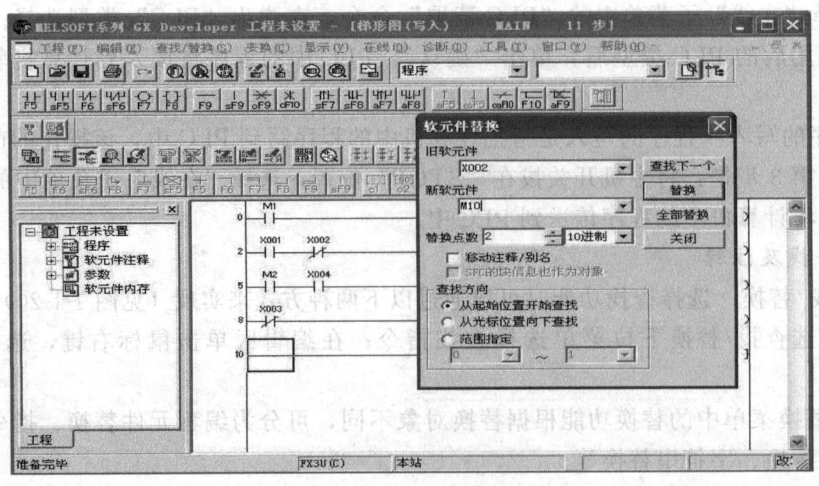

图 1-1-21 编程元件替换操作

③ 指令替换 通过该指令的操作可以将一个新的指令把旧指令替换掉，在实际操作过程中，可根据用户的需要或操作习惯进行替换类型、查找方向的设定，方便使用者操作。

操作步骤：

a. 选择查找/替换菜单中指令替换功能，并显示指令替换窗口，如图 1-1-22 所示。

b. 选择旧指令的类型（常开、常闭），输入元件名。

c. 选择新指令的类型，输入元件名。

d. 根据需要可以对查找方向、查找范围进行设置。

e. 执行替换操作，可完成全部替换、逐个替换、选择替换。

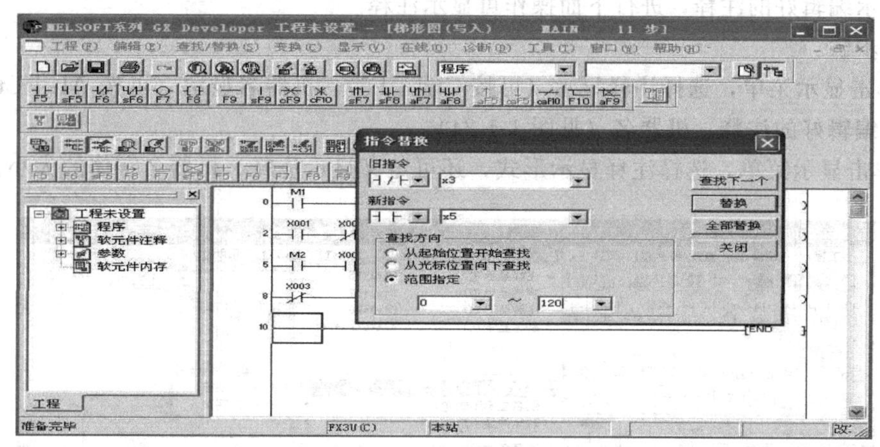

图 1-1-22　指令替换操作说明

(7) 软元件注释

在梯形图中引入软元件注释后，使用户可以更加直观地了解各编程元件在程序中所起的作用。下面介绍怎样编辑元件的注释以及机器名。

① 软元件注释

操作步骤：

a. 单击显示菜单，选择工程数据列表，并打开工程数据列表。也可按“Alt+O”键打开、关闭工程数据列表（见图 1-1-23）。

b. 在工程数据列表中单击软元件注释选项，显示 COMMENT（注释）选项，双击该选项。

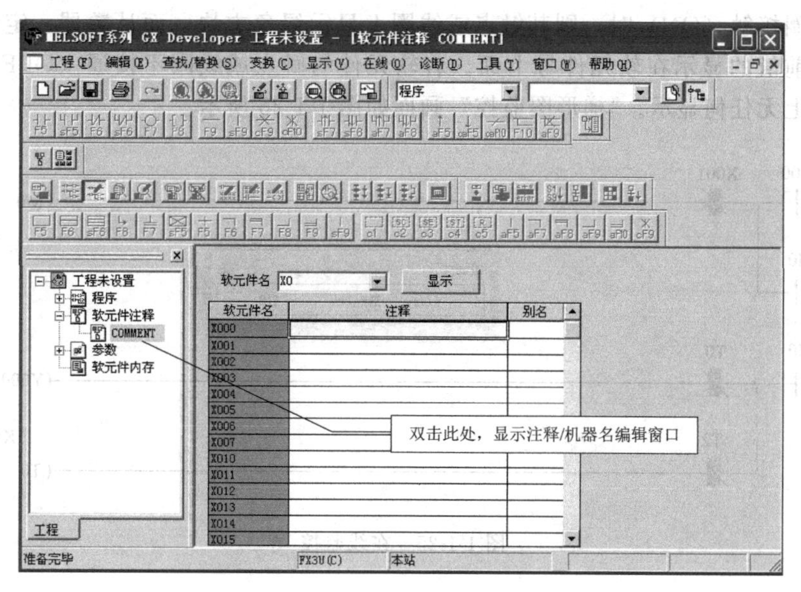

图 1-1-23　软元件注释

c. 显示注释编辑画面。

d. 在软元件名一栏中输入要编辑的元件名，单击“显示”键，画面就显示编辑对象。

e. 在注释/机器名栏目中输入欲说明内容，即完成注释/机器名的输入。

② 注释显示　用户定义完软元件注释和机器名，如果没有将注释/机器名显示功能开启，不显示编辑好的注释，进行下面操作可显示注释。

操作步骤：

a. 单击显示菜单，选择注释显示（可按 Ctrl＋F5）、机器名显示（可按 Alt＋Ctrl＋F6）即可显示编辑好的注释、机器名（见图 1-1-24）。

b. 单击显示菜单，选择注释显示形式，还可定义显示注释、机器名字体的大小。

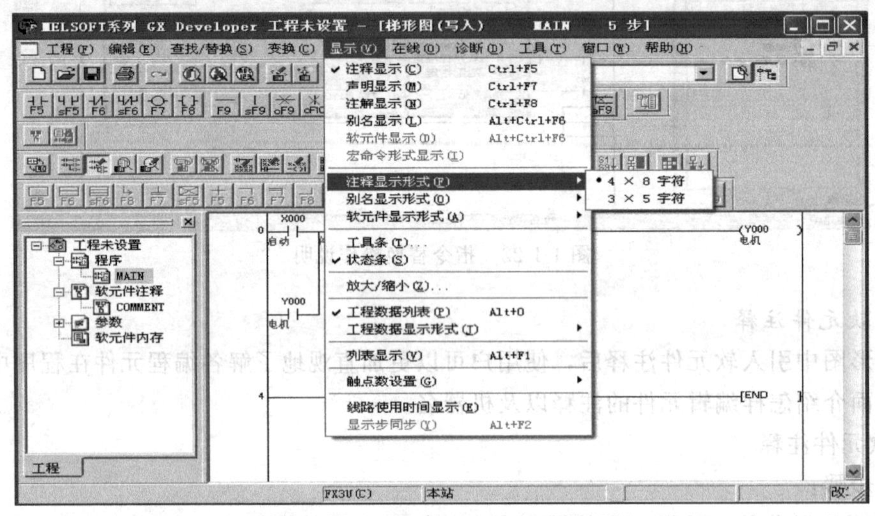

图 1-1-24　注释/机器名显示操作说明

(8) 在线监控

① 开始监控。在梯形图方式执行“在线→监控模式”菜单命令或点击[图标]后，若软元件的触点或线圈接触（ON）时，则其触点或线圈上显示绿色方块，而计数器、定时器和数据寄存器的当前值的显示在软元件号上面。若软元件的触点或线圈不接通（OFF）时，则其触点或线圈上无任何显示。“梯形图监控”画面如图 1-1-25 所示。

图 1-1-25　在线监控

② 强制 ON/OFF。光标移到 X0 处，点击右键，选择软元件测试菜单命令，会弹出如图 1-1-26 所示的对话框，在其“软元件”栏内输入欲强制 ON/OFF 的软元件号，选择“设置”或“重新设置”后，单击“确认”键或按回车，可使软元件为 ON 或者 OFF。这里的“设置”即置为（SET），其操作数范围为 X、Y、M、S、T、C；“重新设置”即复位（RST），其操作数范围为 X、Y、M、S、T、C、D、V、Z。

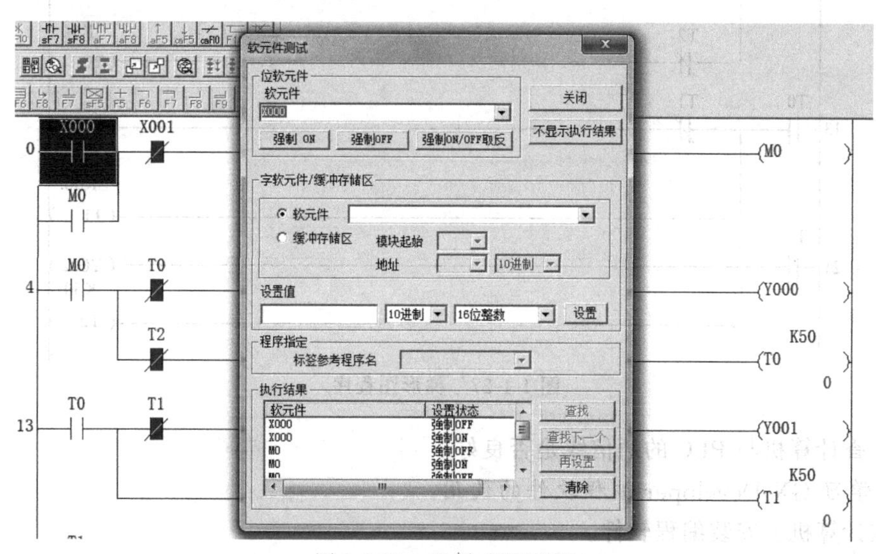

图 1-1-26　强制 ON/OFF

任务实施

1. 实训条件

三菱 FX3u-48MR PLC 一台，计算机一台，模拟开关 2 个，红、绿、黄灯各一盏。

2. 实训内容与步骤

按下启动按钮 SB1，红灯亮，红灯 5s 后熄灭；同时绿灯亮，绿灯 5s 后熄灭；同时黄灯亮，黄灯 5s 后熄灭，红灯再亮。如此循环。按下停止按钮 SB2 红、绿、黄灯熄灭。通过上面实例认识三菱 FX3u 型 PLC 及学习 GX Developer 编程软件的使用。

输入、输出点的分配见表 1-1-5；梯形图程序如图 1-1-27。

表 1-1-5　输入、输出点分配表

输入			输出		
输入元件	作用	输入地址	输出元件	作用	输出地址
SB1	启动按钮	X0	HL1	红灯	Y0
SB2	停止按钮	X1	HL2	绿灯	Y1
			HL3	黄灯	Y2

（1）认识三菱 FX3u 型 PLC

① 认真观察三菱 FX3u 型 PLC，理解型号意义。

② 熟悉接线端子，分清输入端子、输出端子及电源端子。

③ 连接电源。

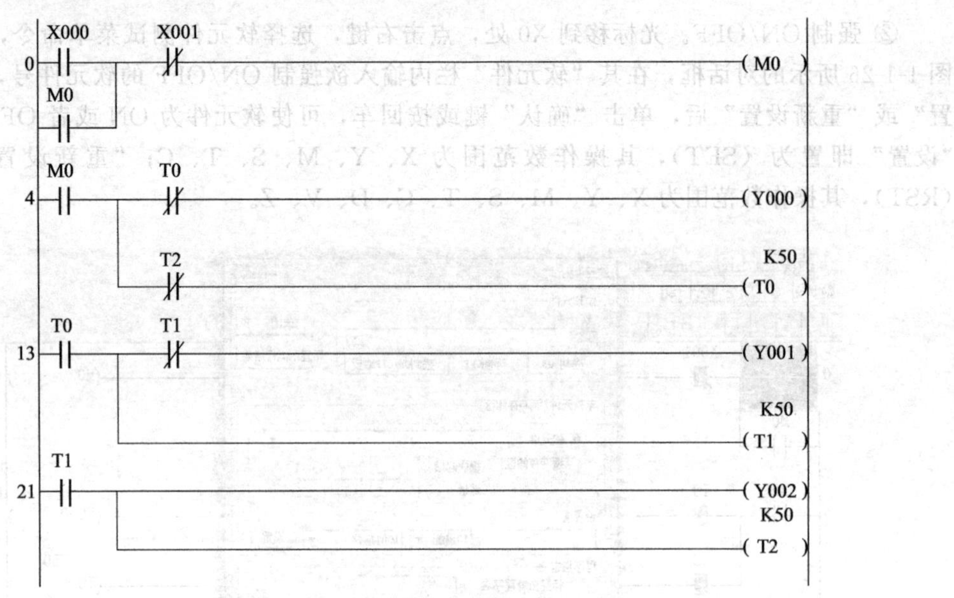

图 1-1-27 梯形图程序

④ 检查计算机与 PLC 的通信线是否良好。

(2) 学习 GX Developer 编程软件的使用

① 在计算机上安装编程软件。

② 打开软件编写给出程序并加注释。

③ 变换并检查程序。

④ 把程序保存在 E 盘内，命名程序名为“三盏灯间隔循环”。

⑤ 程序传送。将程序下载到 PLC 中。

⑥ 程序的监控。强制 X0 ON，观察程序执行情况；强制 X1ON，观察程序执行情况；将定时器中的 K50 改为 K10，下载到 PLC，强制 X0 ON，观察程序执行情况。

任务评价

项目内容	考核要求	评分标准	配分	扣分	得分
认识三菱 FX3u-48MR PLC	(1)理解铭牌含义； (2)了解各指示灯的作用； (3)了解输入、输出及电源端子	识读有 1 处错误扣 10 分，识读有 2 处及以上错误不得分	30		
编程软件的使用	(1)能输入程序； (2)能修改程序； (3)能替换与查找； (4)能加注释； (5)能进行监控与仿真	不会输入程序，扣 10 分； 不会修改程序，扣 5 分； 不会替换与查找扣 5 分； 不会加注释，扣 5 分； 不会进行监控与仿真，扣 5 分	30		
程序执行	(1)Y0 工作； (2)Y1 工作； (3)Y2 工作； (4)定时器工作；	Y0 不能工作，扣 10 分； Y1 不能工作，扣 5 分； Y2 不能工作，扣 5 分； 定时器不能工作，扣 10 分	30		
安全文明生产	劳动保护用品穿戴整齐，电工工具佩戴齐全，遵守操作规范	违反安全文明生产考核要求的任何一项扣 2 分，扣完为止	10		
合计					

工时定额 45min	开始时间：	结束时间：

知识拓展

可编程序控制器（Programmable Logic Controller，简称 PLC），是随着科学技术的进步与现代社会生产方式的转变，为适应多品种、小批量生产的需要而产生、发展起来的一种新型的工业控制装置。

PLC 从 1969 年问世以来由于其具有通用灵活的控制性能、可以适应各种工业环境的可靠性与简单方便的使用性能，在工业自动化各领域取得了广泛的应用。

一、PLC 的分类

1. 按 I/O 点数容量分类

（1）小型机（I/O 点数小于 256 点）

典型的小型机有 SIEMENS 公司的 S7-200 系列。

（2）中型机（I/O 点数在 256～1024 之间）

典型的中型机有 SIEMENS 公司的 S7-300 系列、OMRON 公司的 C200H 系列。

（3）大型机（I/O 点数在 1024 点以上）

典型的大型 PLC 有 SIEMENS 公司的 S7-400、OMRON 公司的 CVM1 和 CS1 系列。

2. 按结构形式分类

根据 PLC 结构形式的不同，PLC 主要可分为整体式和模块式两类。

（1）整体式结构

微型和小型 PLC 一般为整体式结构。如西门子的 S7-200。

（2）模块式结构

目前大、中型 PLC 都采用这种方式。如西门子的 S7-300 和 S7-400 系列。

二、PLC 的主要特点

（1）编程方法简单易学；

（2）功能完善、适应性强；

（3）系统的设计、安装、调试工作量少，维修方便；

（4）可靠性高、抗干扰能力强；

（5）体积小、重量轻、功耗低、性价比高。

三、PLC 的应用场合

逻辑控制：可取代传统继电器系统和顺序控制器。如各种机床、自动电梯、装配生产线、电镀流水线、运输和检测等的控制。

运动控制：可用于精密金属切削机床、机械手、机器人等设备的控制。

过程控制：通过配用 A/D、D/A 转换模块及智能 PID 模块实现对生产过程中的温度、压力、流量、速度等连续变化的模拟量进行闭环调节控制。

多级控制：利用 PLC 的网络通信功能模块及远程 I/O 控制模块实现多台 PLC 之间、PLC 与上位计算机的连接，以完成较大规模的复杂控制。

四、PLC 的发展趋势

从当前产品来看，PLC 的发展仍然主要体现在体积的缩小与性能的提高两大方面。

1. 向高速度、大容量方向发展

为了提高 PLC 的处理能力，要求 PLC 具有更好的响应速度和更大的存储容量。目前，有的 PLC 的扫描速度可达 0.1ms/k 步左右。PLC 的扫描速度已成为很重要的一个性能指标。在存储容量方面，有的 PLC 最高可达几十兆字节。为了扩大存储容量，有的公司已使用了磁泡存储器或硬盘。

2. 向超大型、超小型两个方向发展

当前中小型 PLC 比较多，为了适应市场的多种需要，今后 PLC 要向多品种方向发展，特别是向超大型和超小型两个方向发展。现已有 I/O 点数达 14336 点的超大型 PLC，其使用 32 位微处理器，多 CPU 并行工作和大容量存储器，功能强。

小型 PLC 由整体结构向小型模块化结构发展，使配置更加灵活，为了市场需要已开发了各种简易、经济的超小型微型 PLC，最小配置的 I/O 点数为 8～16 点，以适应单机及小型自动控制的需要，如三菱公司 α 系列 PLC。

3. PLC 大力开发智能模块，加强联网通信能力

为满足各种自动化控制系统的要求，近年来不断开发出许多功能模块，如高速计数模块、温度控制模块、远程 I/O 模块、通信和人机接口模块等。这些带 CPU 和存储器的智能 I/O 模块，既扩展了 PLC 功能，又使用灵活方便，扩大了 PLC 应用范围。

加强 PLC 联网通信的能力，是 PLC 技术进步的潮流。PLC 的联网通信有两类：一类是 PLC 之间联网通信，各 PLC 生产厂家都有自己的专有联网手段；另一类是 PLC 与计算机之间的联网通信，一般 PLC 都有专用通信模块与计算机通信。为了加强联网通信能力，PLC 生产厂家之间也在协商制订通用的通信标准，以构成更大的网络系统，PLC 已成为集散控制系统（DCS）不可缺少的重要组成部分。

4. 增强外部故障的检测与处理能力

根据统计资料表明：在 PLC 控制系统的故障中，CPU 占 5%，I/O 接口占 15%，输入设备占 45%，输出设备占 30%，线路占 5%。前两项共 20%故障属于 PLC 的内部故障，它可通过 PLC 本身的软、硬件实现检测、处理；而其余 80%的故障属于 PLC 的外部故障。因此，PLC 生产厂家都致力于研制、发展用于检测外部故障的专用智能模块，进一步提高系统的可靠性。

5. 编程语言多样化

在 PLC 系统结构不断发展的同时，PLC 的编程语言也越来越丰富，功能也不断提高。除了大多数 PLC 使用的梯形图语言外，为了适应各种控制要求，出现了面向顺序控制的步进编程语言、面向过程控制的流程图语言、与计算机兼容的高级语言（BASIC、C 语言等）等。多种编程语言的并存、互补与发展是 PLC 进步的一种趋势。

任务二

用 PLC 实现电动机的单向控制

任务描述

电动机的直接启动与停止电路（单向控制电路），是机床电气控制中最基本的电路。通过本任务的学习，要学会用 PLC 实现电动机的单向控制；学会程序的编写、硬件设备的安装以及综合调试。

任务分析

小型三相交流异步电动机通常采用直接启动与停止控制电路，其电气原理图如图 1-2-1 所示。

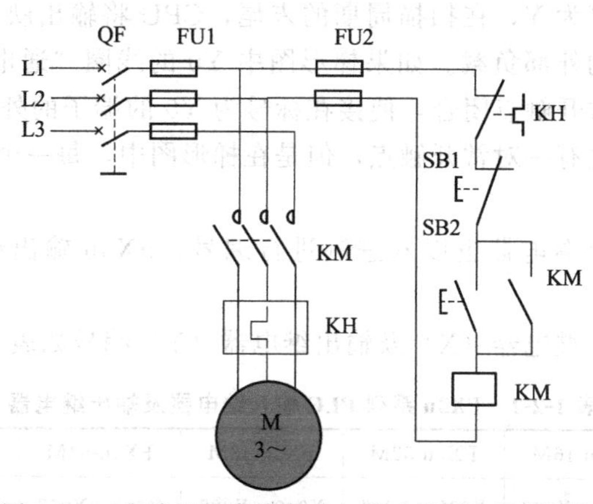

图 1-2-1　电动机的直接启动与停止控制电路原理图

电动机的直接启动与停止控制电路的动作过程如下：合上电源开关 QF，按下启动按钮 SB2，交流接触器 KM 的线圈得电，交流接触器 KM 的主触点及自锁触点闭合，电动机连续运转。按下停止按钮 SB1，交流接触器 KM 的线圈失电，交流接触器 KM 的主触点及自锁触点复位断开，电动机停转。熔断器 FU1、FU2 作为短路保护，热继电器 KH 作为过载保护。

用 PLC 对继电器系统进行控制时，只需要对控制电路进行改造，也就是用 PLC 控制继电器线圈。启动按钮 SB2 与停止按钮 SB1 作为控制信号，控制 PLC，PLC 的输出信号控制交流接触器 KM 线圈。交流接触器 KM 的主触点控制电动机主电路的通断，从而控制电动机的启停。

知识准备

一、FX3u -48MR 软继电器及其编号（编程元件）

PLC 是采用软件编制程序来实现控制要求的。编程时要使用到各种编程元件，它们可提供无数个动合和动断触点。编程元件是指输入映像寄存器、输出映像寄存器、位存储器、定时器、计数器、通用寄存器、数据寄存器及特殊功能存储器等。

PLC内部这些存储器的作用和继电接触控制系统中使用的继电器十分相似，也有“线圈”与“触点”，但它们不是“硬”继电器，而是PLC存储器的存储单元。当写入该单元的逻辑状态为“1”时，则表示相应继电器线圈得电，其动合触点闭合，动断触点断开。所以，内部的这些继电器称之为“软”继电器。

1. 输入继电器（X）

输入继电器的标识符为X，在每个扫描周期的开始，CPU对输入点进行采样，并将采样值存于输入映像寄存器中。

输入继电器是可编程序控制器接收外部输入信号的元件。可编程序控制器通过光耦合器，将外部信号的状态读入并存储在输入映像寄存器中，外部输入电路接通时对应的映像寄存器为ON（1状态）。输入端可以外接常开触点或常闭触点，也可以接多个触点组成的串并联电路。在梯形图中，可以多次使用输入位的常开触点和常闭触点。

FX系列PLC的输入继电器以八进制进行编号，FX3u输入继电器编号经扩展可达296点（X0～X367）。

2. 输出继电器（Y）

输出继电器的标识符为Y，在扫描周期的末尾，CPU将输出映像寄存器的数据传送给输出模块，再由后者驱动外部负载。如果梯形图中Y0的线圈“通电”，继电器型输出模块中对应的硬件继电器的常开触点闭合，使接在标号为Y0的端子的外部负载工作。输出模块中的每一个硬件继电器仅有一对常开触点，但是在梯形图中，每一个输出位的常开触点和常闭触点都可以多次使用。

FX系列PLC的输出继电器也以八进制进行编号，FX3u输出继电器编号经扩展也达296点（Y0～Y367）。

FX3u系列PLC输入继电器（X）及输出继电器（Y）编号如表1-2-1所示。

表1-2-1　FX3u系列PLC输入继电器及输出继电器

	型号	FX3u-16M	FX3u-32M	FX3u-48M	FX3u-64M	FX3u-80M	扩展时
FX3u 可编程控制器	输入	X000～X007 8点	X000～X017 16点	X000～X027 24点	X000～X037 32点	X000～X047 40点	X000～X367 296点
	输出	X000～X007 8点	X000～X017 16点	X000～X027 24点	X000～X037 32点	X000～X047 40点	X000～X367 296点

3. 内部辅助继电器（M）

辅助继电器是PLC中数量最多的一种继电器。它们不能直接接受外部输入信号，也不能直接驱动外部负载。负载只能由输出继电器的外部触点驱动。辅助继电器的常开、常闭触点在PLC内部编程时可无限次使用。一般的辅助继电器相当于继电器控制系统中的中间继电器。辅助继电器采用十进制数进行编号，如表1-2-2所示。

（1）通用辅助继电器（M0～M499）

FX3u系列共有500点通用辅助继电器，通用辅助继电器在PLC运行时，如果电源突然断电，则全部线圈均处于OFF状态，它们没有断电保护功能，通用辅助继电器常在逻辑运算中作为辅助运算、状态暂存、移位等。但是根据需要可通过参数设定，将M0～M499变为断电保持辅助继电器。

(2) 断电保持继电器（M500～M7679）

FX3u系列有7180个停电保持辅助继电器，它与普通辅助继电器不同的是具有停电保护功能，即能记忆电源中断瞬时状态，并在重新通电后再现其状态。之所以能在电源断电时保持其原有的状态，是因为电源中断时用PLC中的锂电池保持它们印像寄存器中的内容，其中M500～M1023可由编程软件设定为通用辅助继电器。如图1-2-2所示，表示了M600动作的停电保持实例。在该图中，如果X000接通，M600动作，即使X000断开，M600也自己保持动作。因此即使停电造成X000开路，再运行时M600也继续动作，但是再运行时如果X001的常闭触点开路，则M600不会动作。

图1-2-2　断电保持继电器M600的使用

(3) 特殊辅助继电器

FX3u系列中512个特殊辅助继电器，它们都有各自的特殊功能，有的用来表示PLC的某些状态，有的提供时钟脉冲和标志，有的设定PLC运行方式或用于步进顺控、禁止中断、设定计数器是加数还是减数等。特殊辅助继电器可分触点型和线圈型两大类。

① 触点型。其线圈由PLC系统程序自动驱动，用户可直接使用其触点。例如：

M8000：运行监视器（在PLC运行中接通），M8001与M8000相反逻辑。

M8002：初始脉冲（仅在运行开始瞬间接通），M8003与M8002相反逻辑。

M8011、M8012、M8013和M8014分别是产生10ms、100ms、1s和1min时钟脉冲的特殊辅助继电器。

② 线圈型。由用户程序驱动线圈后PLC执行特定的动作，用户并不使用其触点，例如，M8030：若线圈停电后，“电池电压降低”发光二极管熄灭；

M8033：若使其线圈得电则PLC停止时保持输出映像寄存器和数据寄存器内容；

M8034：若使线圈得电，则将PLC的输出全部禁止；

M8039：若使其线圈得电，则PLC按D8039中指定的扫描时间工作。

表1-2-2　内部辅助继电器

	一般用	停电保持用(电池保持)	停电保持用(电池保持)	特殊用
FX3u・FX3uc 可编程控制器	M0～M499 500点	M500～M1023 524点	M1024～M7679 6656点	M8000～M8511 512点

二、FX系列PLC基本指令（一）

FX系列PLC共有27条基本逻辑指令，用来编制基本逻辑控制、顺序控制等用户程序。基本逻辑指令的操作元件包括X、Y、M、S、T、C继电器。

1. 输入输出、程序结束指令（LD/LDI、OUT、END）

(1) 指令格式

LD/LDI/OUT/END指令的助记符、功能等指令属性如表1-2-3所示。

表1-2-3　LD/LDI/OUT/END指令

助记符名称	功　能	梯形图表示及可用元件
[LD]取	逻辑运算开始与左母线连接的常开触点	X、Y、M、S、T、C

续表

助记符名称	功 能	梯形图表示及可用元件
[LDI]取反	逻辑运算开始与左母线连接的常闭触点	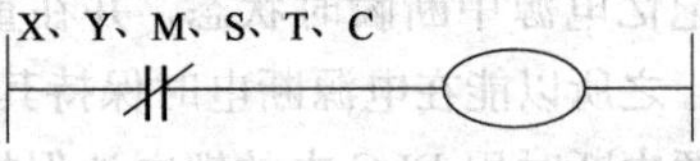 X、Y、M、S、T、C
[OUT]输出	线圈驱动指令	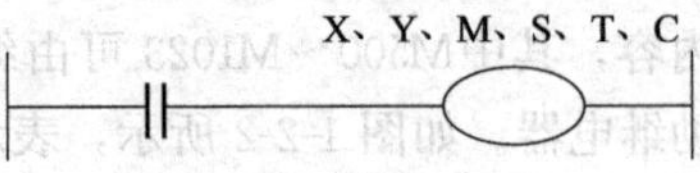 X、Y、M、S、T、C
[END]结束	顺控程序结束	顺控程序结束返回到0步

(2) 指令说明

① LD、LDI用于将触点接到母线上。

② LD、LDI还与块操作指令ANB、ORB相配合，用于分支电路的起点。

③ OUT不能用于X，并联输出OUT指令可连续使用任意次。

④ OUT指令用于T和C，其后必须有常数K，K为延时时间或计数次数。

⑤ END指令是程序结束指令，即PLC扫描周期中程序执行阶段结束，进入输出刷新阶段。

2. 触点及电路块的串联指令（AND /ANI、OR/ORI、ANB/ORB）

(1) 指令格式

AND/ANI、OR/ORI、ANB/ORB指令的助记符、功能等指令属性如表1-2-4所示。

表1-2-4 AND/ANI、OR/ORI、ANB/ORB指令

助记符名称	功 能	梯形图表示及可用元件
[AND]与	串联连接常开触点	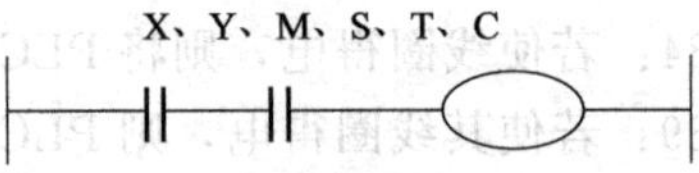 X、Y、M、S、T、C
[ANI]与非	串联连接常闭触点	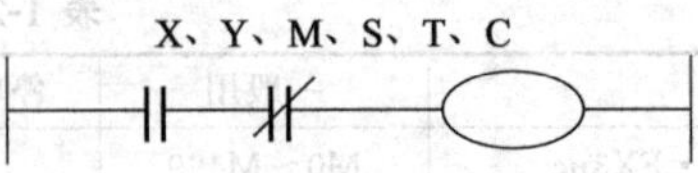 X、Y、M、S、T、C
[OR]或	并联连接常开触点	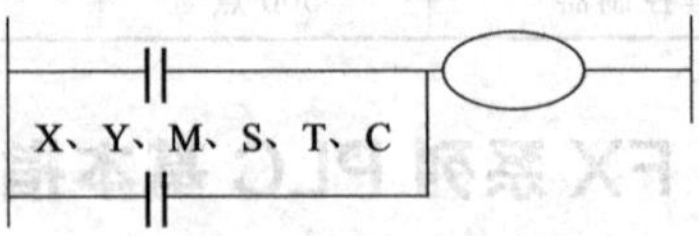 X、Y、M、S、T、C
[ORI]或非	并联连接常闭触点	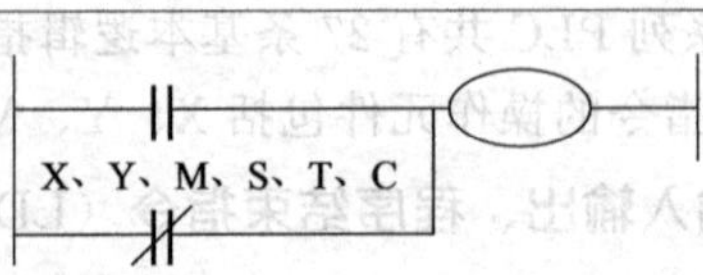 X、Y、M、S、T、C
[ANB]电路块与	并联电路块的串联连接	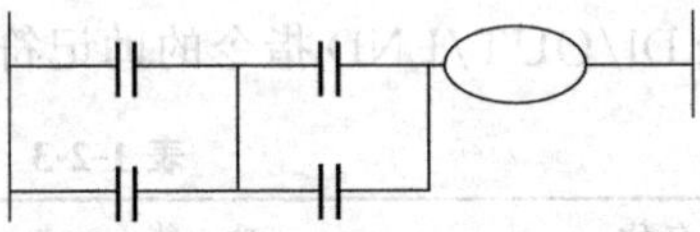
[ORB]电路块或	串联电路块的并联连接	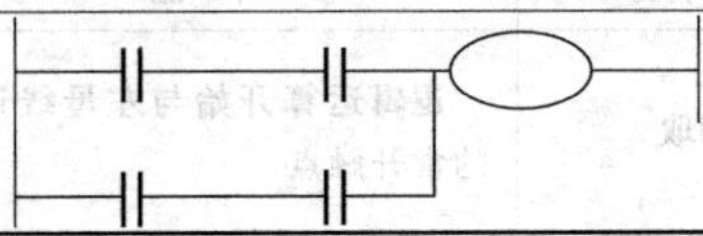

(2) 指令说明

① AND 和 ANI 指令用于单个触点与左边触点的串联，串联的触点次数没有限制。

② OR、ORI 指令仅用于单个触点与前面触电的并联，并联的触点次数没有限制。

③ ANB、ORB 指令后不带操作数。

④ 两个或两个以上触点并联（串联）连接的电路称为并联（串联）电路块；当并联（串联）电路块与前面的电路串联（并联）连接时，使用 ANB（ORB）指令。

⑤ 有多个电路块串联（并联）时，如分别使用 ANB（ORB）指令，则串联（并联）电路块的数量没有限制。

⑥ 串联（并联）电路块的起点用 LD 或 LDI 指令，串联（并联）结束后使用 ANB（ORB）指令，表示与前面的电路串联（并联）。

⑦ 可以连续使用 ANB 或 ORB 指令，但使用的次数不超过 8 次。

3. 置位、复位指令（SET/RST）

(1) 指令格式

SET/RST 指令的助记符、功等指令属性如表 1-2-5 所示。

表 1-2-5 SET/RST 指令

助记符名称	功 能	梯形图表示及可用元件
[SET]置位	线圈接通保持指令	SET Y、M、S
[RST]复位	线圈接通清除指令	RST Y、M、S、T、C、D

(2) 指令说明

① SET 与 RST 都具有电路自保功能。

② 被 SET 指令置位的继电器只能用 RST 指令对其进行复位。对于同一继电器，SET、RST 指令可多次使用，顺序也可随意，但最后执行者失效。

③ RST 指令对数据寄存器 D、变址寄存器 V 和 Z 清零；对累计定时器 C 的当前值数据寄存器清零。

三、梯形图的编程规则

1. 基本概念

(1) 软继电器

PLC 梯形图中的某些编程元件沿用了继电器这一名称，如输入继电器、输出继电器、内部辅助继电器等，但是它们不是真实的物理继电器，而是一些存储单元（软继电器），每一软继电器与 PLC 存储器中映像寄存器的一个存储单元相对应。该存储单元如果为“1”状态，则表示梯形图中对应软继电器的线圈“通电”，其常开触点接通，常闭触点断开，称这种状态是该软继电器的“1”或“ON”状态。如果该存储单元为“0”状态，对应软继电器的线圈和触点的状态与上述的相反，称该软继电器为“0”或“OFF”状态。使用中也常将这些“软继电器”称为编程元件。

(2) 能流

当触点接通时，假想有一个“概念电流”或“能流”（Power Flow）从左向右流动，这

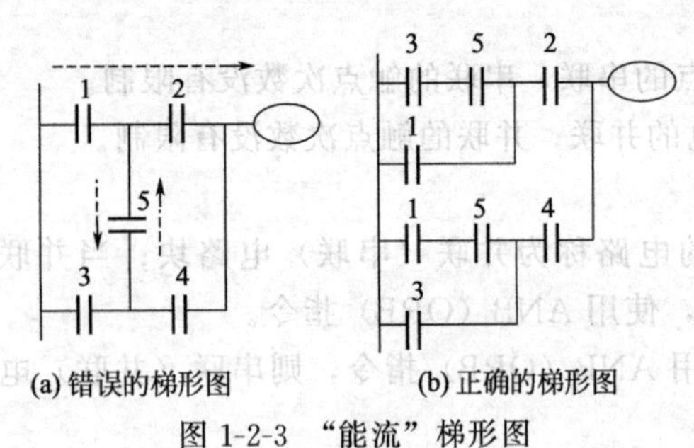

图 1-2-3 “能流”梯形图

一方向与执行用户程序时的逻辑运算的顺序是一致的。能流只能从左向右流动。利用能流这一概念，可以帮助更好地理解和分析梯形图。图 1-2-3(a) 中可能有两个方向的能流流过触点 5（经过触点 1、5、4 或经过触点 3、5、2），这不符合能流只能从左向右流动的原则，因此应改为如图 1-2-3(b) 所示的梯形图。

（3）母线

梯形图两侧的垂直公共线称为母线（Bus bar）。在分析梯形图的逻辑关系时，为了借用继电器电路图的分析方法，可以想象左右两侧母线（左母线和右母线）之间有一个左正右负的直流电源电压，母线之间有“能流”从左向右流动。右母线可以不画出。

2. 编程规则

尽管梯形图与继电器电路图在结构形式、元件符号及逻辑控制功能等方面相类似，但它们又有许多不同之处，梯形图具有自己的编程规则。

（1）每一逻辑行总是起于左母线，然后是触点的连接，最后终止于线圈或右母线（右母线可以不画出）。注意：左母线与线圈之间一定要有触点，而线圈与右母线之间则不能有任何触点。触点与线圈的画法如图 1-2-4 所示。

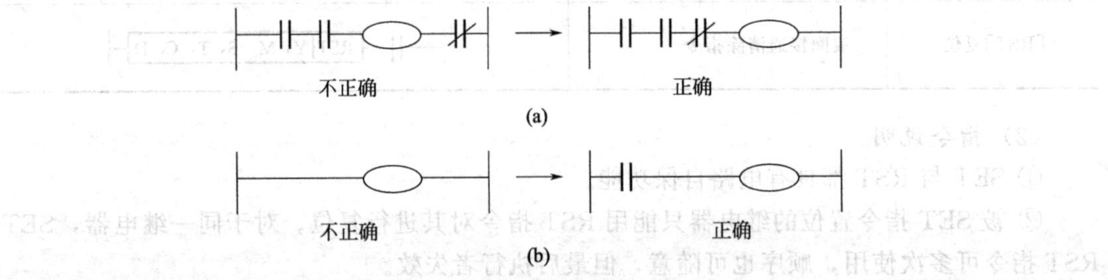

图 1-2-4 触点与线圈的画法

（2）梯形图中的触点可以任意串联或并联，但梯形图中的线圈只能并联而不能串联。

（3）触点的使用次数不受限制。

（4）一般情况下，在梯形图中同一线圈只能出现一次。如果在程序中，同一线圈使用了两次或多次，称为“双线圈输出”。对于“双线圈输出”，有些 PLC 将其视为语法错误，绝对不允许；有些 PLC 则将前面的输出视为无效，只有最后一次输出有效；而有些 PLC，在含有跳转指令或步进指令的梯形图中允许双线圈输出。

（5）触点应画在水平线上，不能画在垂直分支线上，桥式电路的改造如图 1-2-5 所示。

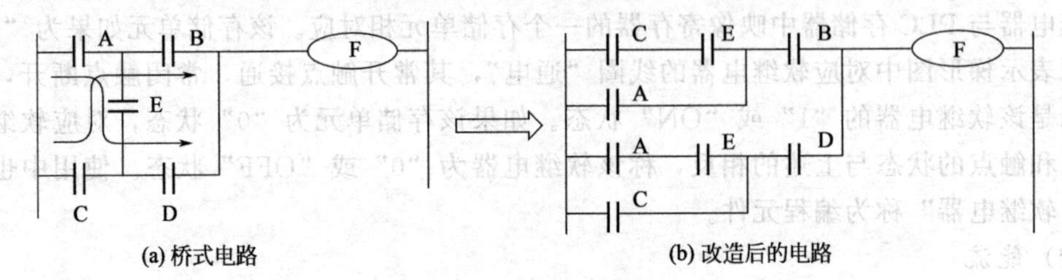

图 1-2-5 桥式电路的改造

(6) 有几个串联电路相并联时，应将串联触点多的回路放在上方。在有几个并联电路相串联时，应将并联触点多的回路放在左方。这样所编制的程序简洁明了，语句较少。如图 1-2-6 所示。

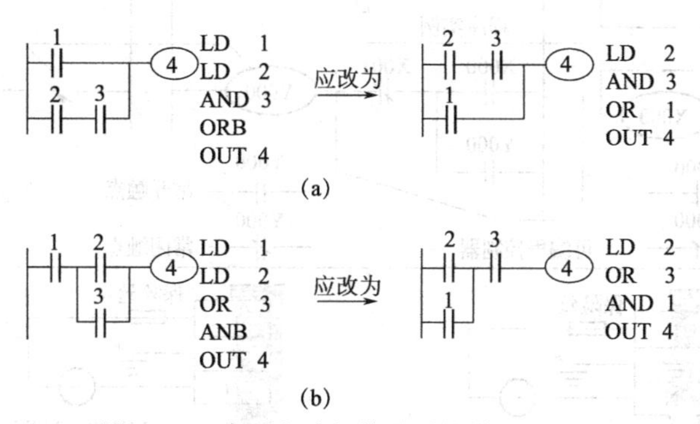

图 1-2-6　串联电路相并联时的梯形图改造

在设计梯形图时输入继电器的触点状态最好按输入设备全部为常开进行设计更为合适，不易出错。建议尽可能用输入设备的常开触点与 PLC 输入端连接，如果某些信号只能用常闭输入，可先按输入设备为常开来设计，然后将梯形图中对应的输入继电器触点取反（常开改成常闭、常闭改成常开）。

四、FX3u 系列 PLC 的安装及接线

可编程控制器的安装环境要求：要安装在环境温度为 0～55℃，相对湿度小于 89％大于 35％RH、无粉尘和油烟、无腐蚀性及可燃性气体的场合中。

PLC 的安装固定常有的两种方式：一是直接利用机箱上的安装孔，用螺钉将机箱固定在控制柜的背板或面板上；二是利用 DIN 导轨安装，这需先将 DIN 导轨固定好，再将 PLC 及各种扩展单元卡上 DIN 导轨。

安装时还要注意在 PLC 周围留足散热及接线的空间。导轨安装 PLC 如图 1-2-7 所示。

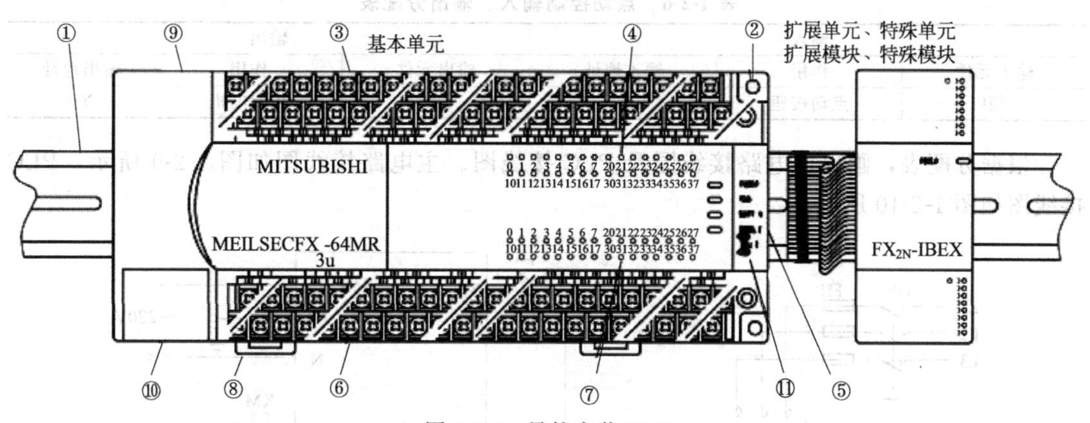

图 1-2-7　导轨安装 PLC

①35mm 宽，DIN 导轨；②安装孔（32 点以下 2 个，以上 4 个）；③电源，辅助电源，输入信号用装卸式端子台；④输入口指示灯；⑤扩展单元、扩展模块、特殊单元、特殊模块接线插座盖板；⑥输出用装卸式端子台；⑦输出口指示灯；⑧DIN 导轨装卸中卡子；⑨面板盖；⑩外围设备接线插座盖板；⑪电源、运行出错指示灯。

FX3u 系列可编程控制器输入、输出继电器接线如图 1-2-8 所示。

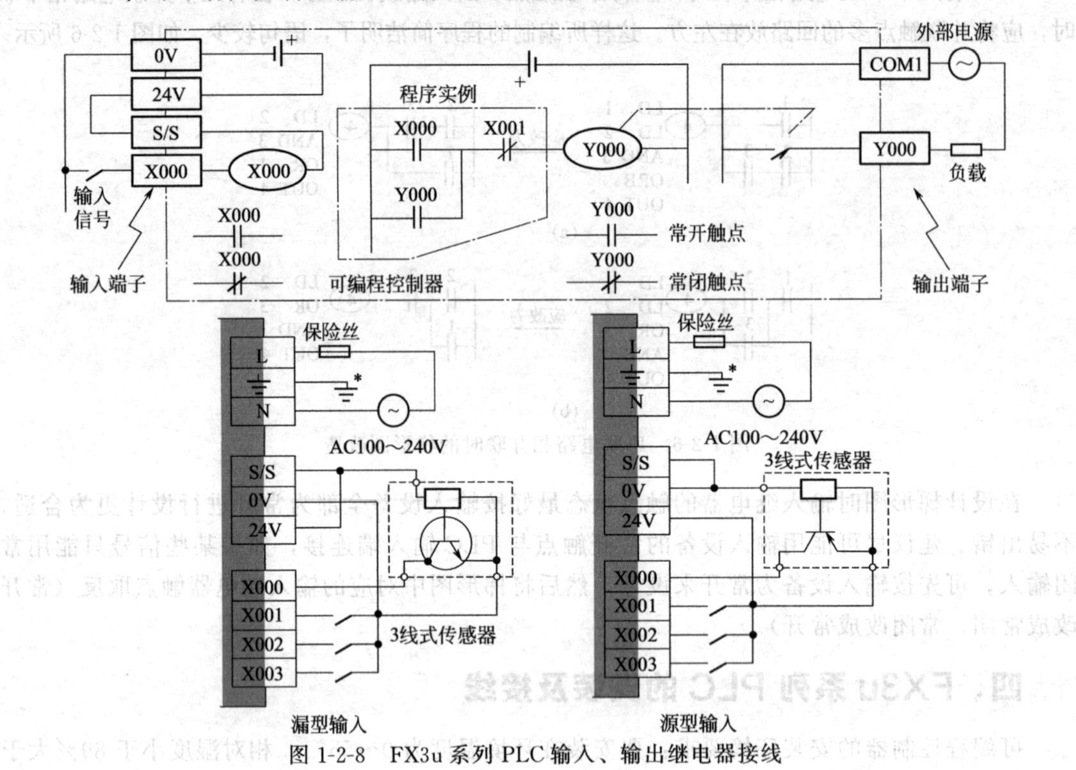

图 1-2-8 FX3u 系列 PLC 输入、输出继电器接线

PLC 一般设有专用的通信口，通常为 RS485 口或 RS422 口，FX2N 型 PLC 为 RS422 口。与通信口的接线常采用专用的接插件连接。

点动控制线路实例：按下点动按钮 SB，电动机转动。松开点动按钮 SB，电动机停转。根据控制要求列出输入、输出分配表。如表 1-2-6 所示。

表 1-2-6 点动控制输入、输出分配表

输入			输出		
输入元件	作用	输入地址	输出元件	作用	输出地址
SB	点动按钮	X0	KM	控制电机	Y0

根据分配表，画出主电路接线图及 PLC 接线图。主电路接线图如图 1-2-9 所示，PLC 接线图如图 1-2-10 所示。

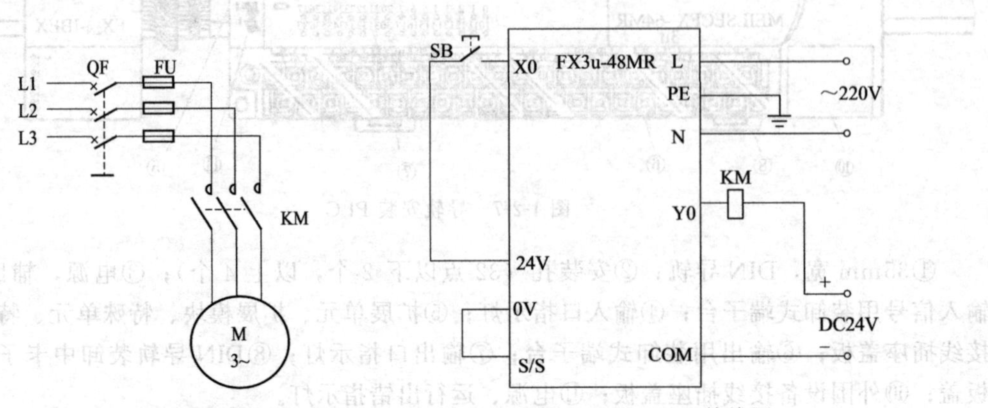

图 1-2-9 主线路接线图　　图 1-2-10 PLC 接线图

梯形图程序如图 1-2-11 所示。

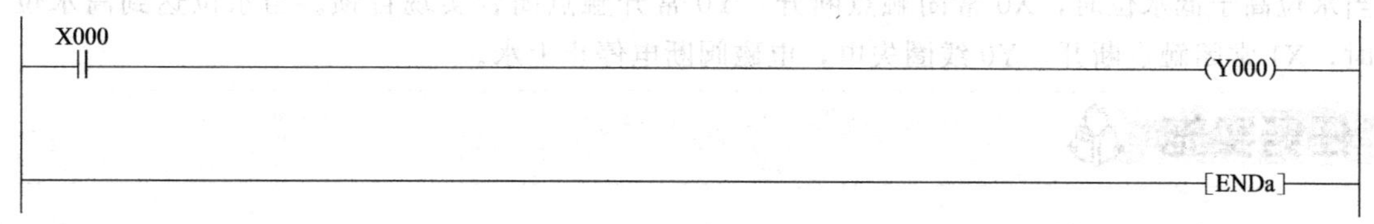

图 1-2-11 点动控制梯形图程序

当按下点动按钮 SB 时，输入继电器（X0）常开触点闭合，输出继电器（Y0）线圈得电；使交流接触器（KM）线圈得电，交流接触器（KM）主触点闭合，电动机转动。松开按钮 SB 时，电动机停转。由于电动机是短时运行，所以没有加过载保护元件。

热水器自动上水控制实例：当热水器水位达到低水位时，上水电磁阀打开，热水器开始上水，当水位达到高水位时，上水电磁阀关断，停止上水。

根据控制要求列出输入、输出分配表。如表 1-2-7。

表 1-2-7 热水器自动上水输入、输出分配表

输入			输出		
输入元件	作用	输入地址	输出元件	作用	输出地址
K1	低水位开关	X0	YV	上水电磁阀	Y0
K2	高水位开关	X1			

PLC 的接线图和程序如图 1-2-12 及图 1-2-13 所示。

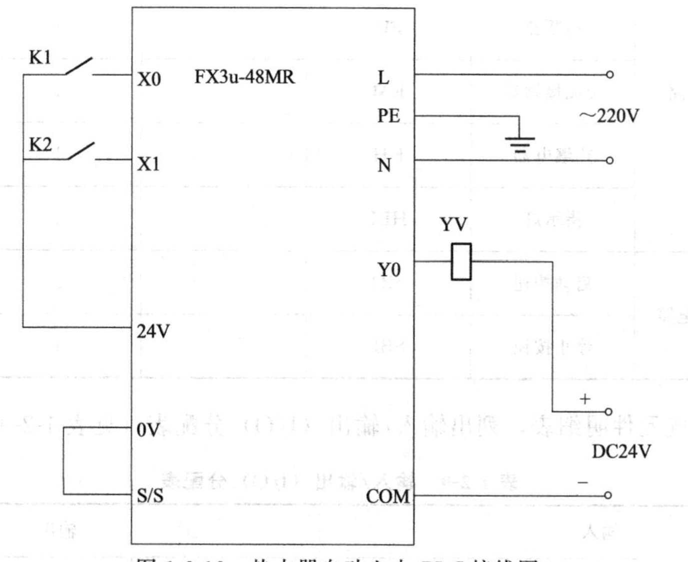

图 1-2-12 热水器自动上水 PLC 接线图

X000 X001 Y000
Y000

图 1-2-13 热水器自动上水梯形图程序

当水位低于低水位时，由于 X0 触点闭合，Y0 线圈得电。电磁阀线圈得电开始上水，当水位高于低水位时，X0 常闭触点断开，Y0 常开触点闭合实现自锁。当水位达到高水位时，X1 常闭触点断开，Y0 线圈失电，电磁阀断电停止上水。

任务实施

一、实训条件

三菱 FX3u-48MR PLC 一台，计算机一台，模拟开关 2 个，三相异步电动机一台，交流接触器一个，热继电器一个，指示灯一盏。

二、实训内容与步骤

实训内容：某台机床按下启动按钮 SB2，机床开始加工，同时指示灯亮。按下停止按钮 SB1 或热继电器动作，机床停止工作，指示灯熄灭。

（1）根据电气控制要求，列出电气元件明细表（见表 1-2-8）。

表 1-2-8　电气元件明细表

序号	说明	元件表				
		名称	符号	型号	数量	作用
1	主电路	空气开关	QF		1	电源隔离
		熔断器	FU		3	短路保护
		交流接触器	KM		1	控制电动机启停
		热继电器	KH		1	过载保护
		指示灯	HL1		1	工作指示
2	控制电路	启动按钮	SB2		1	启动电机
		停止按钮	SB1		1	停止电机

（2）根据电气元件明细表，列出输入/输出（I/O）分配表（见表 1-2-9）。

表 1-2-9　输入/输出（I/O）分配表

输入			输出		
输入元件	作用	输入地址	输出元件	作用	输出地址
SB1	停止按钮	X0	KM	控制电动机	Y0
SB2	启动按钮	X1	HL	指示灯	Y1
KH	过载保护	X2			

（3）根据控制要求，画出主电路及PLC 接线图。如图 1-2-14。

QF
FU
L1
L2
L3
KM
KH
M
3~
主电路
SB1
SB2
KH
X0
X1
X2
24V
0V
S/S
FX3u-48MR
L
PE
N
~220V
KM
Y0
HL
Y1
COM
DC24V
+
−
PLC接线图

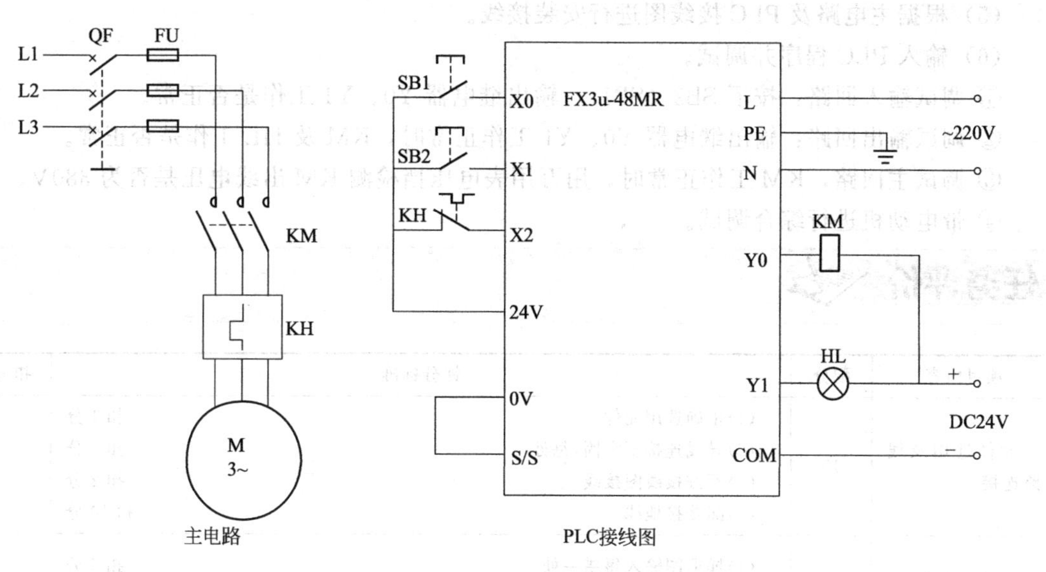

图 1-2-14　主电路及 PLC 接线图

(4) 绘制梯形图程序。

方案一：利用启、保、停电路编写梯形图，如图 1-2-15。

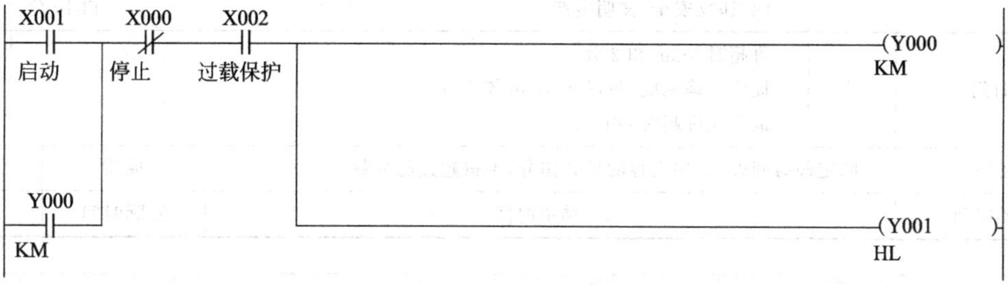

X001
启动
X000
停止
X002
过载保护
Y000
KM
Y000
KM
Y001
HL

图 1-2-15　启、保、停梯形图

方案二：利用置位、复位指令编写梯形图程序。如图 1-2-16。

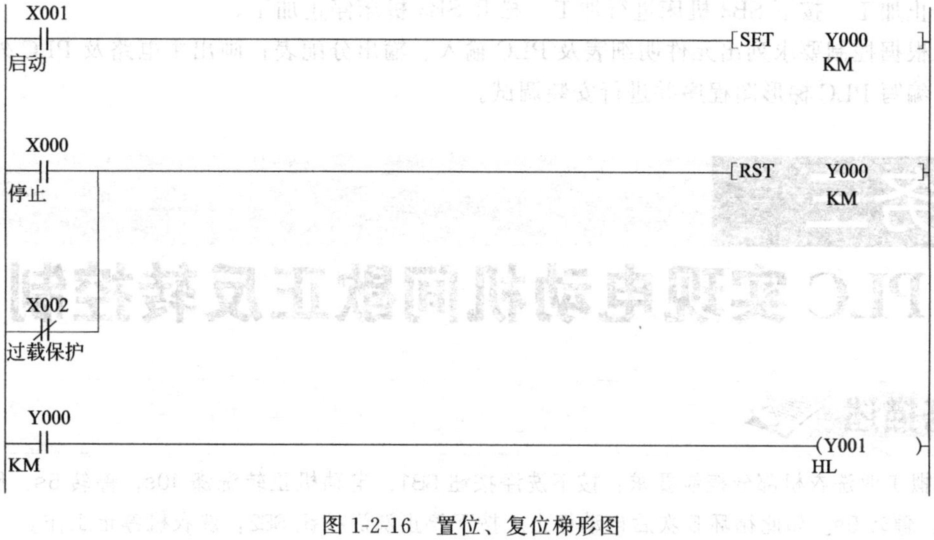

X001
启动
SET
Y000
KM
X000
停止
RST
Y000
KM
X002
过载保护
Y000
KM
Y001
HL

图 1-2-16　置位、复位梯形图

(5) 根据主电路及 PLC 接线图进行安装接线。

(6) 输入 PLC 程序并调试。

① 调试输入回路：按下 SB2（SB1），输出继电器 Y0、Y1 工作是否正常。

② 调试输出回路：输出继电器 Y0、Y1 工作正常时，KM 及 HL 工作是否正常。

③ 调试主回路，KM 工作正常时，用万用表电压挡检测 KM 出线电压是否为 380V。

④ 带电动机进行综合调试。

任务评价

项目内容	配分	评分标准	扣分
元件选用及线路连接	15	(1)正确选用元件 扣 1 分 (2)导线连接不牢固，每处 扣 1 分 (3)不按接线图接线 扣 2 分 (4)漏接接地线 扣 10 分	
梯形图输入	50	(1)梯形图输入每错一处 扣 5 分 (2)保存文件错误 扣 10 分	
通电调试	35	(1)PLC 通电操作错误一步 扣 4 分 (2)程序下载错误 扣 2 分 (3)监控梯形图错误一处 扣 1 分 (4)违反安全、文明生产 扣 10 分	
定额时间	3h	每超时 5min 扣 2 分 提前正确完成，每提前 5min 加 2 分 最多允许超时 40min	
备注	除定额时间外，各项内容的最高扣分，不得超过配分数	成绩	
开始时间		结束时间	
		实际时间	

拓展练习

某台机床控制要求如下：按下 SB1 机床进行加工，松开 SB1 机床继续加工，按下 SB2 机床停止加工。按下 SB3 机床进行加工，松开 SB3 机床停止加工。

请根据控制要求列出元件明细表及 PLC 输入、输出分配表；画出主电路及 PLC 外部接线图；编写 PLC 梯形图程序并进行安装调试。

任务三

用 PLC 实现电动机间歇正反转控制

任务描述

模拟工业洗衣机部分控制要求：按下洗涤按钮 SB1，电动机正转洗涤 10s，停转 5s；反转洗涤 10s，停转 5s。如此循环 5 次后自动停止。按下停止洗涤按钮 SB2，洗衣机停止工作。

任务分析

本任务的实现需要三方面的准备，首先是定时器的使用，电动机正转洗涤 10s，反转洗涤 10s，停转 5s 都需要定时器。再一个是计数器的使用，循环 5 次。第三个是电动机正反转的 PLC 改造，在电动机正反转的 PLC 改造中一定要注意各种保护措施，如短路保护、过载保护，还要注意正反转中的互锁控制。

知识准备

一、FX3u 定时器的使用

定时器的作用与时间继电器一样，用于延时控制。定时器 T 的编号如表 1-3-1 所示。

1. 定时器的类型

100ms 定时器

T0～T199（200 点），计时范围：0.1～3276.7s

10ms 定时器

T200～T245（46 点），计时范围：0.01～327.67s

1ms 积算定时器

T246～T249（4 点：中断动作），计时范围：0.001～32.767s

100ms 积算定时器

T250～T255（6 点），计时范围：0.1～3276.7s

1ms 型定时器

T256～T511（256 点），计时范围：0.001～32.767s

表 1-3-1　定时器 T 的编号

项目	100ms 型 0.1～3276.7s	10ms 型 0.01～327.67s	1ms 累计型 0.001～32.767s	100ms 累计型 0.1～3276.7s	1ms 型 0.001～32.767s
FX3u/FX3uc 可编程控制器	T0～T199 200 点 子程序用 T192～T199	T200～T245 46 点	T246～T249 4 点 执行中断 保持用	T250～T255 6 点 保持用	T256～T511 256 点

2. 定时器的工作原理

可编程控制器中的定时器是对机内 1ms、10ms、100ms 等不同规格时钟脉冲累加计时的。定时器除了占有自己编号的存储器位外，还占有一个设定值寄存器和一个当前值寄存器。定时器满足计时条件时开始计时，当前值寄存器则开始计数，当它的当前值与设定值寄存器存放的设定值相等时定时器动作，其常开触点接通，常闭触点断开，并通过程序作用于控制对象，达到时间控制的目的。

3. 定时器的使用

（1）一般用定时器的使用

在图 1-3-1 中，定时器 T200 是 10ms 定时器，计时范围：0.01～327.67s。K 为十进制常数，定时时间为 200×0.01＝2s。当 X000 为 ON 时，T200 开始定时，2s 后 T200 常开触

点闭合，Y000 输出。当 X000 为 OFF 或 PLC 断电时，T200 复位，T200 常开触点断开，Y0 停止输出。

(2) 积算定时器的使用

图 1-3-2 中，定时器 T250 是 100ms 定时器，计时范围：0.1～3276.7s。K 为十进制常数，定时时间为 200×0.1＝20s。当 X001 为 ON 时，T250 开始定时，20s 后 T250 常开触点闭合，Y001 输出。当 X001 为 OFF 或 PLC 断电时，T250 不会复位，T250 常开触点保持闭合，Y001 保持输出。X002 为 ON 时 T250 复位，Y001 停止输出。

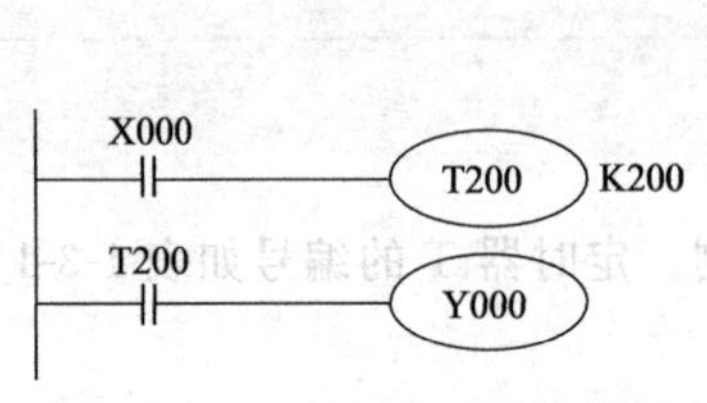

图 1-3-1 一般用定时器的使用

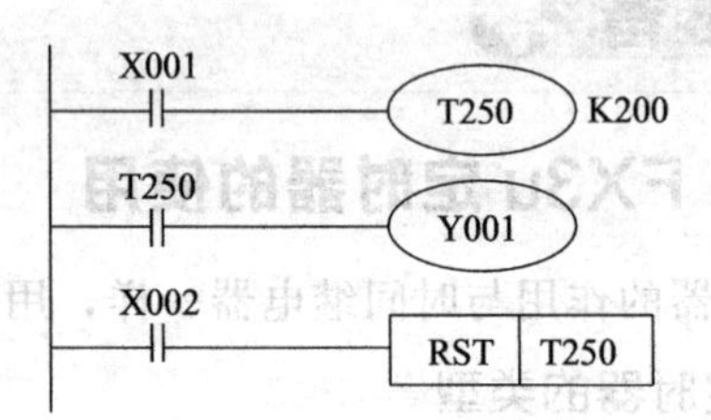

图 1-3-2 积算定时器的使用

(3) 利用两个定时器实现断续控制

图 1-3-3 中，X001 常开触点闭合时，定时器 T1 线圈得电，2s 后 T1 常开触点闭合，T2 线圈得电，Y000 输出；1s 后 T2 常闭触点断开，T1 线圈断电，T1 常开触点断开，T2 线圈失电，Y000 停止输出；同时 T2 常闭触点恢复闭合；如此反复，实现 Y000 停止 2s 工作 1s 的断续控制。

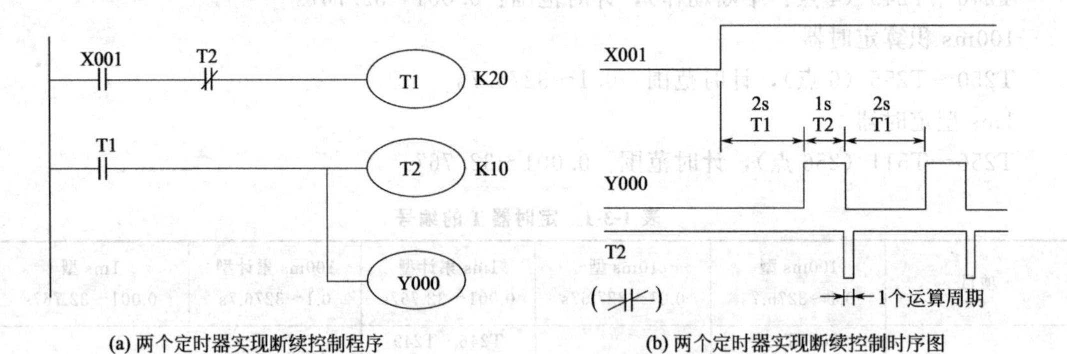

(a) 两个定时器实现断续控制程序 (b) 两个定时器实现断续控制时序图

图 1-3-3 两个定时器实现断续控制

二、FX3u 计数器的使用

1. 计数器的编号及特征

计数器有 16 位递增计数器和 32 位增减计数器两种。

(1) 16 位递增计数器

16 位递增计数器的设定值为 K1～K32767。设定值 K0 与 K1 意义相同，均在第一次计数时，其触点动作。它有两种类型，通用型：C0～C99 共 100 点；失电保持型：C100～C199 共 100 点。

(2) 32 位增减计数器

增减计数器又称双向计数器，即有加计数和减计数两种方式。32 位增减计数器有两种类型，通用型：C200～C219 共 20 点；失电保持型：C220～C234 共 15 点。

FX3u 计数器 (C) 的编号如表 1-3-2 所示。

表 1-3-2　FX3u 计数器（C）的编号

	16 位增计数器 0～32767 计数		32 位增/减计数器 －2147483648～＋2147483647	
	一般用	停电保持用(电池保持)	一般用	停电保持用(电池保持)
FX3u・FX3uc 可编程控制器	C0～C99 100 点	C100～C199 100 点	C200～C219 20 点	C220～C234 15 点

一般用计数器与停电保持用计数器可以通过参数设置进行更改。

FX3u 计数器（C）的特征如表 1-3-3 所示。

表 1-3-3　FX3u 计数器（C）的特征

项目	16 位计数器	32 位计数器
计数方向	增计数	增/减计数可切换使用
设定值	1～32767	－2147483648～＋2147483647
设定值的指定	常数 K 或是数据寄存器	同左，但是数据寄存器需要成对(2 个)
当前值的变化	计数值到后不变化	计数值到后，仍然变化(环形计数)
输出触点	计数值到后保持动作	增计数时保持，减计数时复位
复位动作	执行 RST 指令时计数器的当前值为 0，输出触点也复位	
当前值寄存器	16 位	32 位

2. FX3u 计数器（C）的使用

图 1-3-4 所示为 16 位增计数器的工作过程。图中计数输入 X011 是计数器的计数条件，X011 每次驱动计数器 C0 的线圈时，计数器的当前值加 1。“K10”为计数器的设定值。当第 10 次驱动计数器线圈指令时，计数器的当前值和设定值相等，触点动作，Y000＝ON。在 C0 的常开触点闭合后（置 1），即使 X011 再动作，计数器的当前状态保持不变。X010 就是计数器 C0 复位的条件，当 X010 接通时，执行复位（RST）指令，计数器的当前值复位为 0，输出触点也复位。

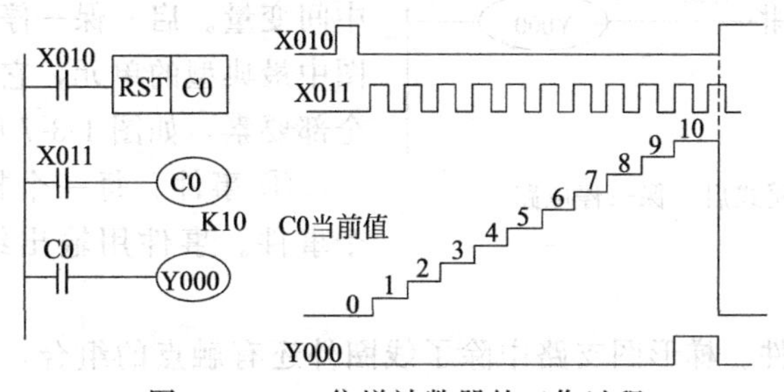

图 1-3-4　16 位增计数器的工作过程

失电保持型计数器与通用计数器不同在于前者即使失电，当前值和输出触点的置位/复位状态可以保持不变（被记忆），一旦得电就会恢复计数，计数器在原保持值上继续计数，直到设定值时，计数器才会动作（输出）。

3. 定时器与计时器的延时扩展

定时器的计时时间都有一个最大值，如 100ms 的定时器最大计时时间为 3276.7s。若工程中所需的延时时间大于选定的定时器最大定时数值时，最简单的延时扩展方法是采用定时器接力计时，即先启动一个定时器计时，计时时间到时，用第一个定时器的常开触点启动第二个定时器，再使用第二个定时器启动第三个……记住，要应用最后一个定时器的触点去控制最终的控制对象。图 1-3-5 梯形图是两个定时器延时的例子。

另外也可以利用计数器配合定时器获得长延时，如图 1-3-6。图中常开触点 X000 闭合是梯形图电路的执行条件，当 X000 保持接通时电路工作。在定时器 T1 的支路中接有定时器 T1 的常闭触点，它使定时器 T1 每隔 10s 复位一次。T1 的常开触点每 10s 接通一个扫描周期，使计数器 C1 计一个数，当 C1 计到设定值时，将控制对象 Y010 接通。从 X000 接通为始点的延时时间就是：定时器的时间设定值×计数器的设定值。X001 是计数器 C1 的复位条件。

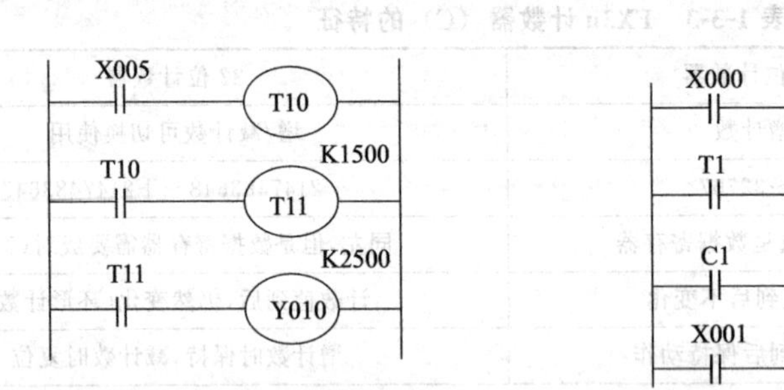

图 1-3-5　两个定时器延时

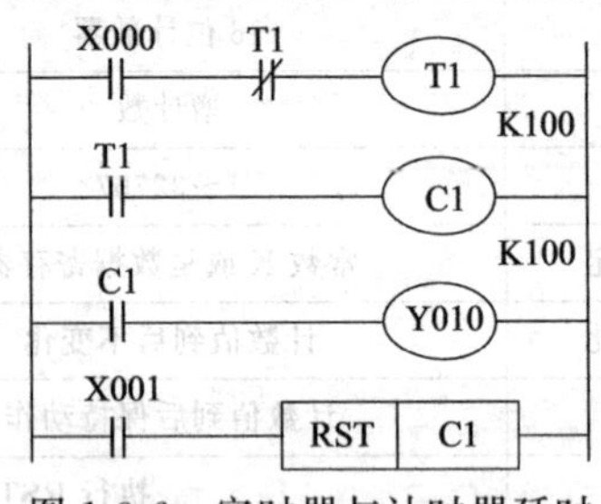

图 1-3-6　定时器与计时器延时

三、利用经验设计法用 PLC 实现电动机正反转的改造

“经验设计法”顾名思义就是依据设计者的设计经验进行设计的方法。它主要基于以下几点：

（1）PLC 的编程，从梯形图来看，其根本点是找出符合控制要求的系统各个输出的工作条件，这些条件又总是用机内各种器件按一定的逻辑关系组合来实现的。

（2）梯形图的基本模式为启—保—停电路。每个启—保—停电路一般只针对一个输出，这个输出可以是系统的实际输出，也可以是中间变量。启—保—停单向控制电路是梯形图中最典型的单元，它包含了梯形图程序的全部要素，如图 1-3-7 所示。

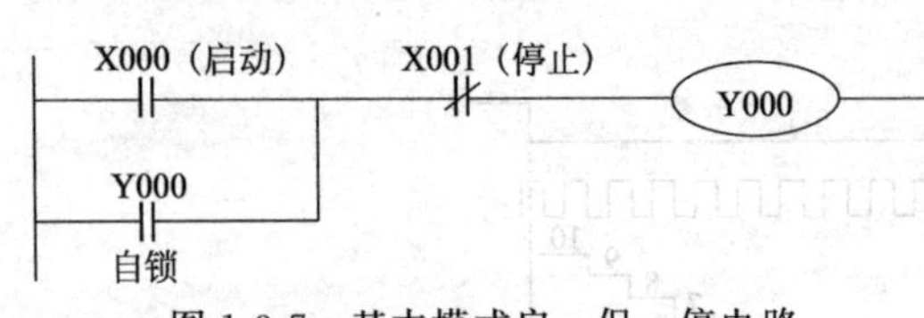

图 1-3-7　基本模式启—保—停电路

① 事件。每一个梯形图支路都针对一个事件。事件用输出线圈（或功能框）表示，本例中为 Y000。

② 事件发生的条件。梯形图支路中除了线圈外还有触点的组合，使线圈置 1 的条件即是事件发生的条件，本例中为启动按钮使 X000 置 1。

③ 事件得以延续的条件。触点组合中使线圈置 1 得以保持的条件是与 X000 并联的 Y000 自锁触点闭合。

④ 使事件终止的条件。即触点组合中使线圈置 1 中断的条件。本例中为 X001 常闭触点断开。

（3）梯形图编程中有一些约定俗成的基本环节，它们都有一定的功能，可以在许多地方借以应用。在编绘以上各例程序的基础上，现将“经验设计法”编程步骤总结如下：

① 在准确了解控制要求后，合理地为控制系统中的事件分配输入输出端。选择必要的机内器件，如定时器、计数器、辅助继电器。

② 对于一些控制要求较简单的输出，可直接写出它们的工作条件，依启—保—停电路模式完成相关的梯形图支路。工作条件稍复杂的可借助辅助继电器。

③ 对于较复杂的控制要求，为了能用启—保—停电路模式绘出各输出端的梯形图，要正确分析控制要求，并确定组成总的控制要求的关键点。在空间类逻辑为主的控制中关键点为影响控制状态的点（如抢答器例中主持人是否宣布开始，答题是否到时等）。在时间类逻辑为主的控制中（如交通灯），关键点为控制状态转换的时间。

④ 将关键点用梯形图表达出来。关键点总是用机内器件来代表的，应考虑并安排好。绘关键点的梯形图时，可以使用常见的基本环节，如定时器计时环节、振荡环节、分频环节等。

⑤ 在完成关键点梯形图的基础上，针对系统最终的输出进行梯形图的编绘。使用关键点综合出最终输出的控制要求。

⑥ 审查以上草图，在此基础上，补充遗漏的功能，更正错误，进行最后的完善。

实例　利用 PLC 控制一台异步电动机的正反转：利用两个交流接触器交替工作，改变电源接入电动机的相序来实现电动机正反转控制。系统的控制要求如下：

电动机停止工作或电动机反转时，按下正转启动按钮 SB1，电动机正转启动，并保持电动机正转；电动机停止工作或电动机正转时，按下反转启动按钮 SB2，电动机反转启动，并保持电动机反转；电动机正转或反转时，按下停止按钮 SB3，停止电动机的转动。

电动机不可以同时进行正转和反转，否则会造成主电路短路，要有必要的短路及过载保护。

（1）根据电气控制要求，列出电器元件明细表。如表 1-3-4 所示。

表 1-3-4　电动机正反转电器元件明细表

序号	说明	元件表				
		名称	符号	型号	数量	作用
1	主电路	空气开关	QF	DZ47 C32	1	电源隔离
		熔断器	FU	RT28 32 1P 型	3	短路保护
		交流接触器	KM	CJX2 型	2	控制电动机启停
		热继电器	KH	JR20 型	1	过载保护
2	控制电路	正转启动按钮	SB1	LA4 三联按钮	1	启动电机正转
		反转启动按钮	SB2		1	启动电机反转
		停止按钮	SB3		1	停止电机

（2）根据电器元件明细表，列出输入/输出（I/O）分配表，如表 1-3-5 所示。

表 1-3-5　电动机正反转输入/输出（I/O）分配表

输入			输出		
输入元件	作用	输入地址	输出元件	作用	输出地址
SB1	正转启动按钮	X0	KM1	控制电动机正转	Y0
SB2	反转启动按钮	X1	KM2	控制电动机反转	Y1
SB3	停止按钮	X2			
KH	过载保护	X3			

（3）根据控制要求，画出主电路及 PLC 接线图。主电路接线图如图 1-3-8 所示，PLC 接线图如图 1-3-9 所示。

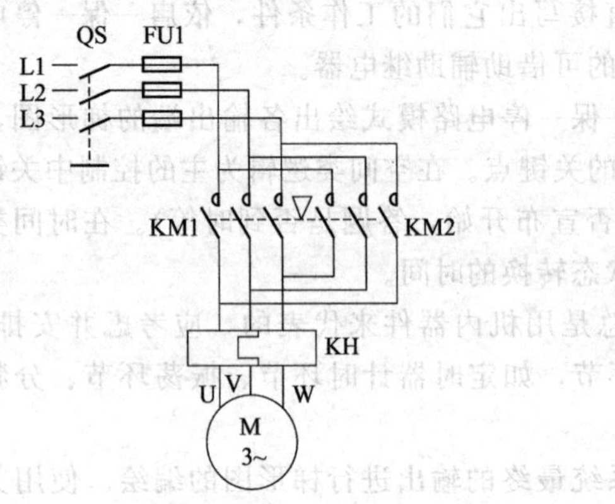

图 1-3-8　电动机正反转主电路接线图

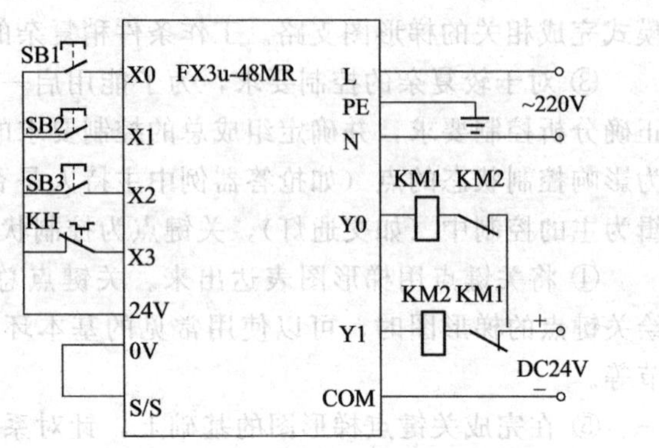

图 1-3-9　电动机正反转 PLC 接线图

（4）编程分析和实现。

① 利用启、保、停，设计初步程序。如图 1-3-10 所示。

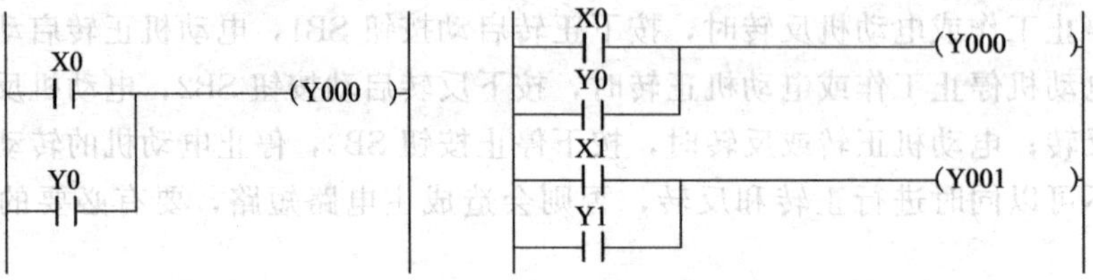

(a) 电动机初步正转控制程序　　(b) 电动机初步正反转控制程序

图 1-3-10　启、保、停，设计初步程序

② 加入互锁。系统要求电动机不可以同时进行正转和反转，如图 1-3-11 所示，加入 Y0、Y1 的常闭触点可以实现互锁。

③ 加入按钮，实现电动机正反转的切换。利用正转启动按钮 X0（SB1）来切断反转的控制通路；利用反转启动按钮 X1（SB2）来切断正转的控制通路。如图 1-3-12 所示。

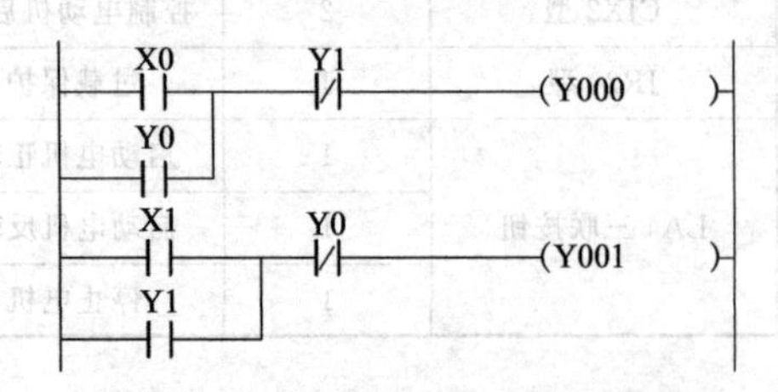

图 1-3-11　电动机正反转的互锁程序

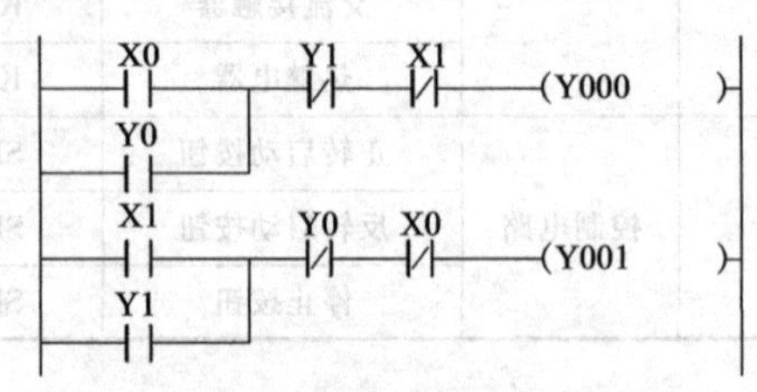

图 1-3-12　电动机正反转的切换程序

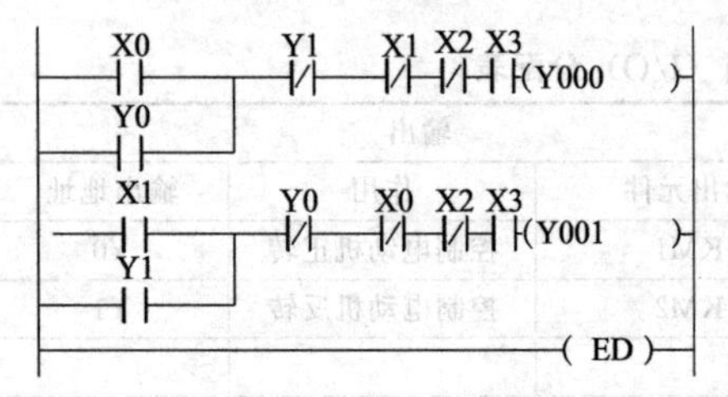

图 1-3-13　电动机正反转的最终控制程序

④ 加入停止按钮及过载保护。当按下停止按钮 X2（SB3）时，无论在此之前电动机的转动状态如何，都停止电动机的转动。利用停止按钮 X2（SB3）同时切断正转和反转的控制通路。当发生过载时，热继电器 KH 的常闭触点动作，X3 断开切断正转和反转的控制通路。如图 1-3-13 所示。

任务实施

一、实训条件

三菱 FX3u-48MR PLC 一台，计算机一台，模拟开关两个，三相异步电动机一台，交流接触器两个，热继电器一个。

二、实训内容与步骤

实训内容：按下洗涤按钮 SB1，电动机正转洗涤 10s，停转 5s；反转洗涤 10s，停转 5s。如此循环 5 次后自动停止。按下停止洗涤按钮 SB2，洗衣机停止工作。

(1) 根据电气控制要求，列出电器元件明细表。如表 1-3-6。

表 1-3-6　电器元件明细表

序号	说明	元件表				
		名称	符号	型号	数量	作用
1	主电路	空气开关	QF	DZ47 C32	1	电源隔离
		熔断器	FU	RT28 32 1P 型	3	短路保护
		交流接触器	KM	CJX2 型	2	控制电动机
		热继电器	KH	JR20 型	1	过载保护
2	控制电路	启动按钮	SB1	LA4 三联按钮	1	启动电动机
		停止按钮	SB2		1	停止电动机

(2) 根据电器元件明细表，列出输入/输出（I/O）分配表。如表 1-3-7。

表 1-3-7　输入/输出（I/O）分配表

输入			输出		
输入元件	作用	输入地址	输出元件	作用	输出地址
SB1	启动按钮	X0	KM1	电动机正转	Y0
SB2	停止按钮	X1	KM2	电动机反转	Y1

(3) 根据控制要求，画出主电路图（图 1-3-14）及 PLC 接线图（图 1-3-15）。

(4) 绘制梯形图程序。如图 1-3-16 所示。

(5) 根据主电路及 PLC 接线图进行安装接线。

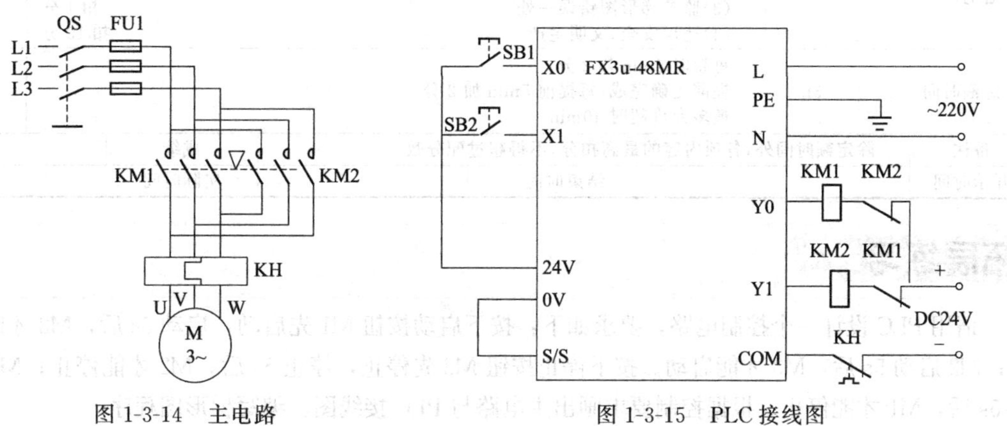

图 1-3-14　主电路　　图 1-3-15　PLC 接线图

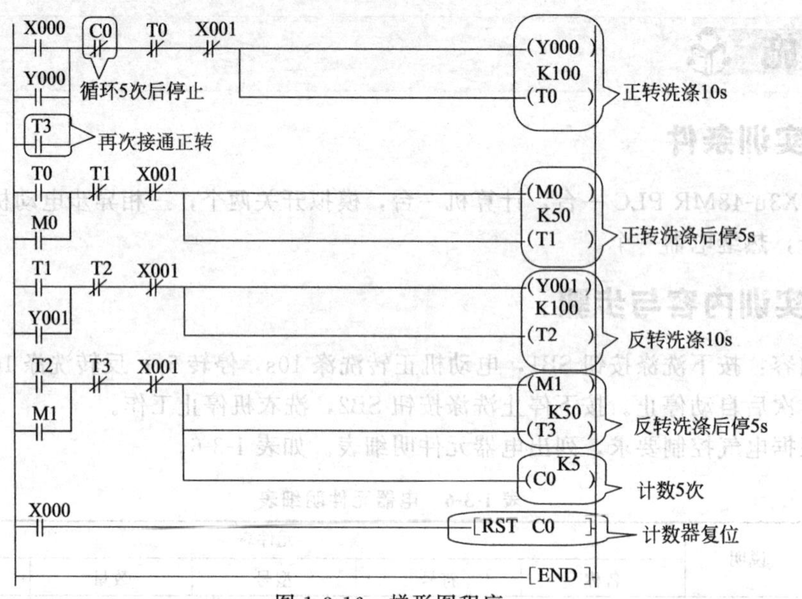

图 1-3-16　梯形图程序

（6）输入 PLC 程序并调试。

① 调试输入回路：按下 SB1，输出继电器 Y0 或 Y1 工作是否正常。

② 调试输出回路：输出继电器 Y0 或 Y1 工作正常时，KM1 及 KM2 工作是否正常。

③ 调试主回路，KM1 或 KM2 工作正常时，用万用表电压挡检测热继电器 KH 的出线电压是否为 380V。

④ 接上电动机进行综合调试。

任务评价

项目内容	配分	评分标准		扣分
元件选用及线路连接	15	(1)正确选用元件 (2)导线连接不牢固，每处 (3)不按接线图接线 (4)漏接接地线	扣 1 分 扣 1 分 扣 2 分 扣 10 分	
梯形图输入	50	(1)梯形图输入每错一处 (2)保存文件错误	扣 5 分 扣 10 分	
通电调试	35	(1)PLC 通电操作错误一步 (2)程序下载错误 (3)监控梯形图错误一处 (4)违反安全、文明生产	扣 4 分 扣 2 分 扣 1 分 扣 10 分	
定额时间	3h	每超时 5min 扣 2 分 提前正确完成，每提前 5min 加 2 分 最多允许超时 40min		
备注	除定额时间外，各项内容的最高扣分，不得超过配分数		成绩	
开始时间		结束时间	实际时间	

拓展练习

请用 PLC 设计一个控制电路，要求如下：按下启动按钮 M1 先启动，启动 5s 后，M2 才能启动；M2 启动 5s 后，M3 才能启动。按下停止按钮 M3 先停止，停止 5s 后，M2 才能停止；M2 停止 5s 后，M1 才能停止。根据控制要求画出主电路与 PLC 接线图，编写梯形图程序。

项目二

通用变频器的基本知识

知识目标

1. 熟悉变频器的概念和组成。
2. 理解变频器的分类和电路结构。

技能目标

1. 熟悉通用变频器的结构。
2. 掌握变频器的参数设定。
3. 学会变频器的接线和应用。

项目概述

变频器是目前三相交流异步电动机调速使用最多的电气设备。本项目设计了三个任务。主要通过学习变频器的基本知识，认识通用变频器结构的形式，学会变频器的参数设置及简单接线与运转，学会用 PLC 控制变频器实现多速控制。

任务一

变频器的 PU 操作模式

任务描述

学习变频器的基本概念和组成，认识通用变频器的结构，学会用 PU 方式控制电动机，是深入理解变频器原理和应用的基础。

任务分析

通过变频器的基本概念、分类和电路结构的学习，了解变频器的基本工作原理。认识各种品牌的变频器，认识变频器型号的意义，认识操作面板及端子的功能，熟悉PU方式控制电动机的简单运行。从而为变频器控制电动机的运行，实现各种工业控制任务打下良好基础。

知识准备

一、变频器的概念

变频器即电压频率变换器，是一种将固定频率的交流电变换成频率、电压连续可调的交流电，以供给电动机运转的电源装置。也可以说变频器是一种利用半导体的通断作用，将工频交流电变换成频率、电压连续可调的适合交流电动机调速的调速装置。如图2-1-1所示。

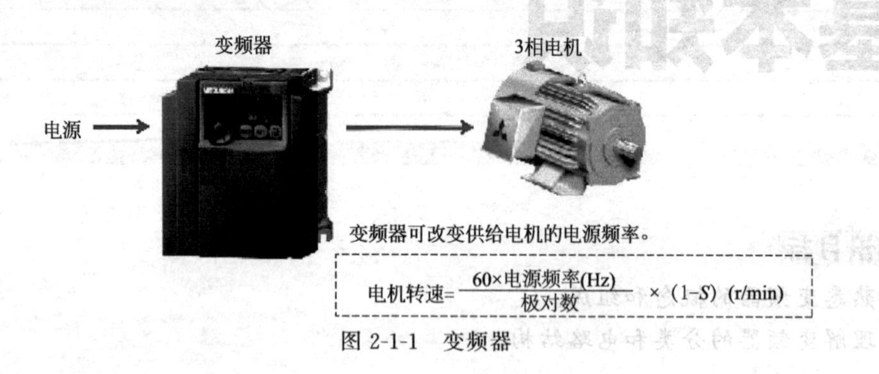

图 2-1-1　变频器

二、变频器的分类

(1) 按变换环节分类

分为交-直-交型、交-交型。

交-直-交变频器，首先将频率固定的交流电整流成直流，经过滤波，再将平滑的直流电逆变成频率可变的交流电，是通用变频器常用的电路形式。如图2-1-2所示。

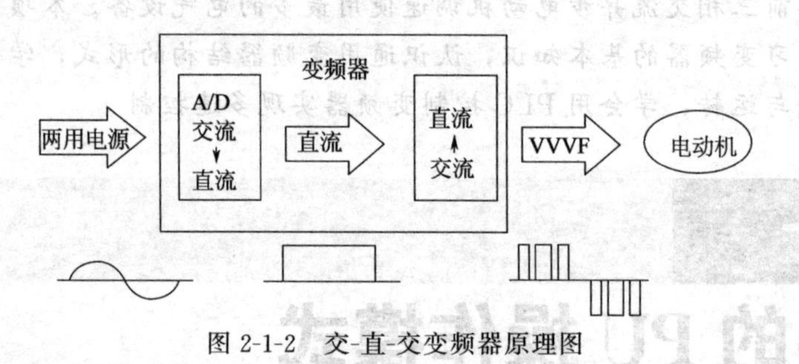

图 2-1-2　交-直-交变频器原理图

(2) 按改变变频器的输出电压的方法分类

分为PAM型、PWM型。

电压的调制方式：PAM是通过输出脉冲的幅值调节电压，逆变器负责调频。PWM是通过改变输出脉冲的宽度和占空比调节电压，逆变器负责调频调压，如图2-1-2所示。

(3) 按电压的等级分类

分为低压变频器、高压大容量变频器。

(4) 按滤波方式分类

分为电流型电感滤波、电压型电容滤波。

（5）按用途分类

分为专用型变频器、通用型变频。

（6）按输入电源的相数分类

分为三进三出变频器、单进三出变频器。

（7）按控制方式分类

分为U/F变频器、转差频率控制变频器、矢量控制方式变频器。

三、变频器的电路构成

通用变频器一般均采用交-直-交的方式组成，通常由主电路和控制电路两部分组成。基本构造如图2-1-3所示。

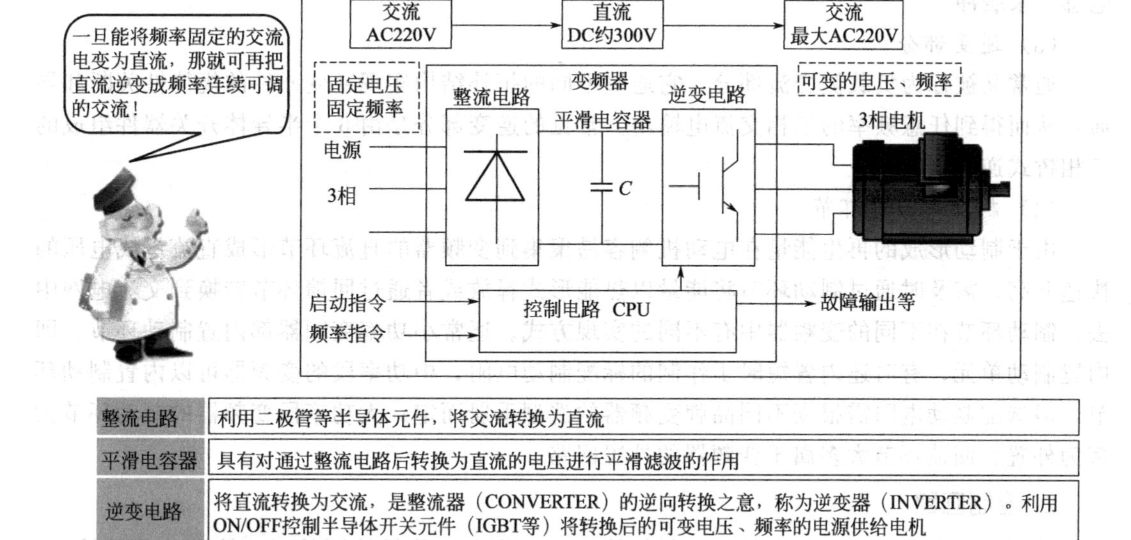

整流电路	利用二极管等半导体元件，将交流转换为直流
平滑电容器	具有对通过整流电路后转换为直流的电压进行平滑滤波的作用
逆变电路	将直流转换为交流，是整流器（CONVERTER）的逆向转换之意，称为逆变器（INVERTER）。利用ON/OFF控制半导体开关元件（IGBT等）将转换后的可变电压、频率的电源供给电机
控制电路	控制逆变电路

图2-1-3　变频器的电路构成

1. 主电路

主电路将工频交流电变为频率和电压可调的三相交流电，通用变频器的主电路包括整流部分、直流环节、逆变部分、制动或回馈环节等部分。如图2-1-4所示。

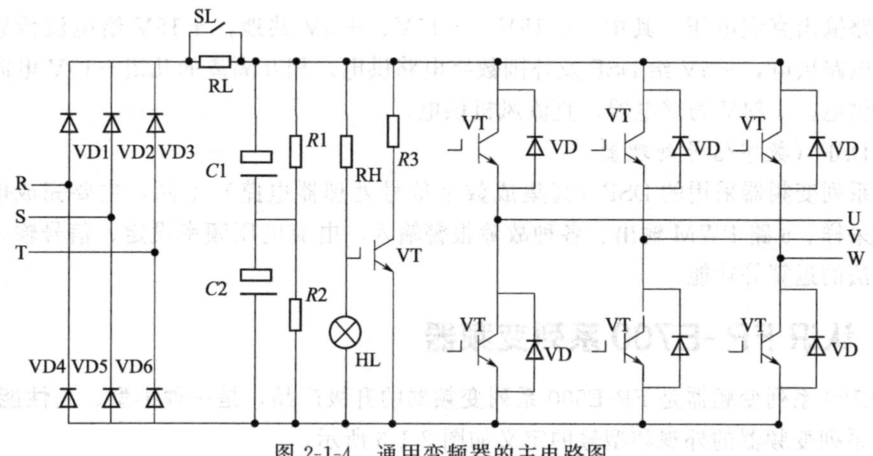

图2-1-4　通用变频器的主电路图

（1）整流及滤波电路

功能：将工频交流电整流为直流，并滤波。

输入R、S、T；输出U、V、W。

通常又被称为电网侧变流部分，把三相或单相交流电整流成直流电。常见的低压整流部分是由二极管构成的不可控三相桥式电路或由晶闸管构成的三相可控桥式电路。而对中压大容量的整流部分则采用多重化12脉冲以上的变流器。限流电阻的作用：将电容器的充电电流限制到允许的范围以内。

（2）直流环节

由于逆变器的负载是异步电动机，属于感性负载，因此在中间直流部分与电动机之间总会有无功功率的交换，这种无功能量的交换一般都需要中间直流环节的储能元件（如电容或电感）来缓冲。

（3）逆变部分

通常又被称为负载侧变流部分，它通过不同的拓扑结构实现逆变元件的规律性关断和导通，从而得到任意频率的三相交流电输出。常见的逆变部分是由6个半导体开关器件组成的三相桥式逆变电路。

（4）制动或回馈环节

由于制动形成的再生能量在电动机侧容易聚集到变频器的直流环节形成直流母线电压的快速升高，需及时通过制动环节将能量以热能形式释放或者通过回馈环节转换到交流电网中去。制动环节在不同的变频器中有不同的实现方式。通常小功率变频器都内置制动环节，即内置制动单元，有时还内置短时工作制的标配制动电阻，中功率段的变频器可以内置制动环节，但选配制动电阻需根据不同品牌变频器的选型手册而定；大功率段变频器的制动环节大多为外置。回馈环节大多属于变频器的外置回路。

2. 控制回路

控制回路主要处理变频器的核心软件算法、电流电压信号检测传感、控制信号的输入/输出、电路驱动和电路保护。现在以通用变频器为例来介绍控制回路，如图2-1-5所示。它包括以下几个部分。

（1）开关电源

变频器的辅助电源采用开关电源，具有体积小、效率高等优点。电源输入为变频器主回路直流母线电压或将交流380V整流。通过脉冲变压器的隔离变换和变压器副边的整流滤波可得到多路输出直流电压。其中，＋15V、－15V、＋5V共地，±15V给电流传感器、运放等模拟电路供电，＋5V给DSP及外围数字电路供电。相互隔离的几组＋15V电源给IPM驱动电路供电。＋24V为继电器、直流风机供电。

（2）DSP（数字信号处理器）

不同系列变频器采用的DSP（高集成数字信号处理器电路）不同，主要完成电流、电压、温度采样、6路PWM输出、各种故障报警输入、电流电压频率设定、信号输入及电动机控制算法的运算等功能。

四、认识FR-E700系列变频器

FR-E700系列变频器是FR-E500系列变频器的升级产品，是一种小型、高性能变频器。FR-E700系列变频器的外观和型号的定义如图2-1-6所示。

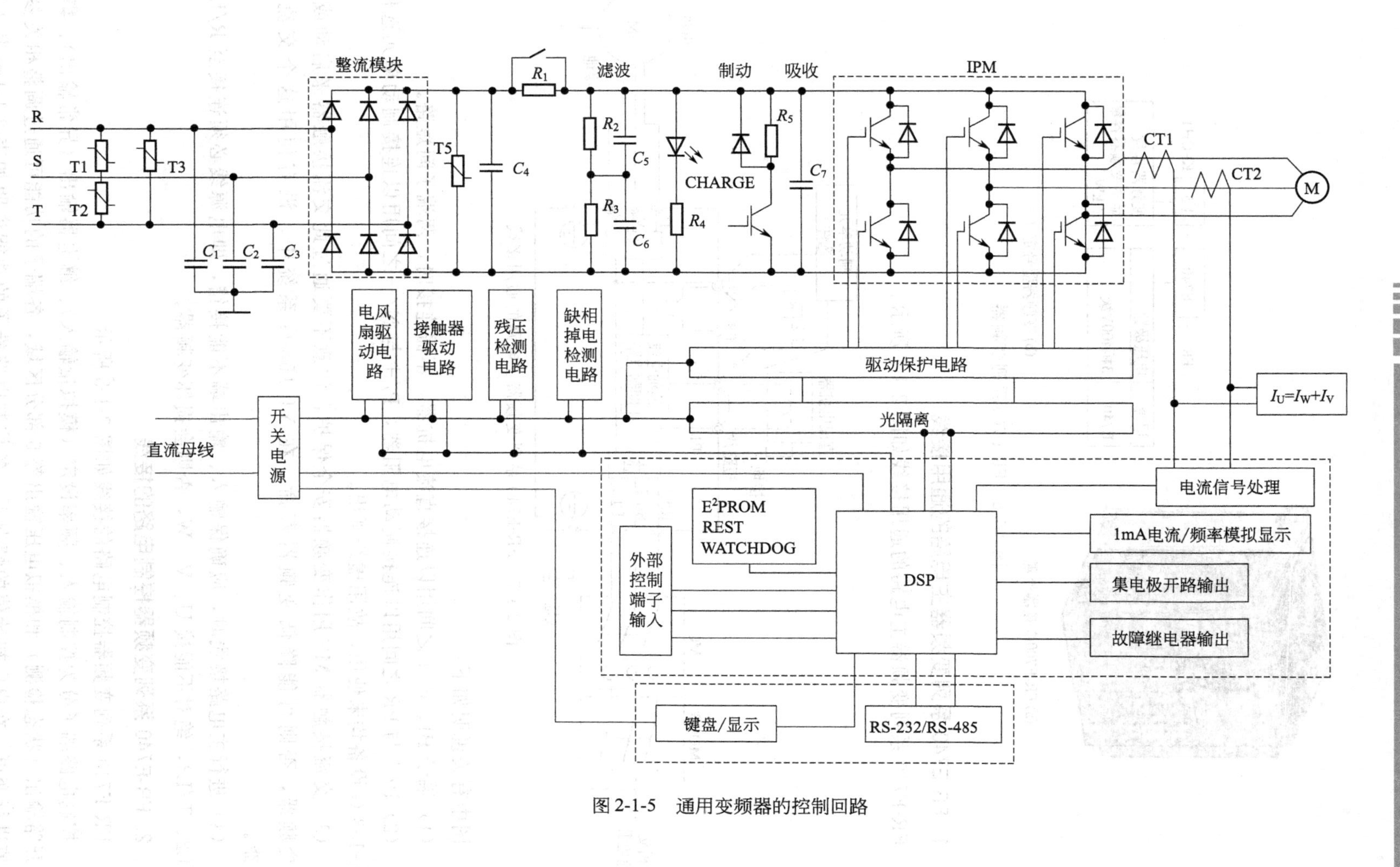

图 2-1-5　通用变频器的控制回路

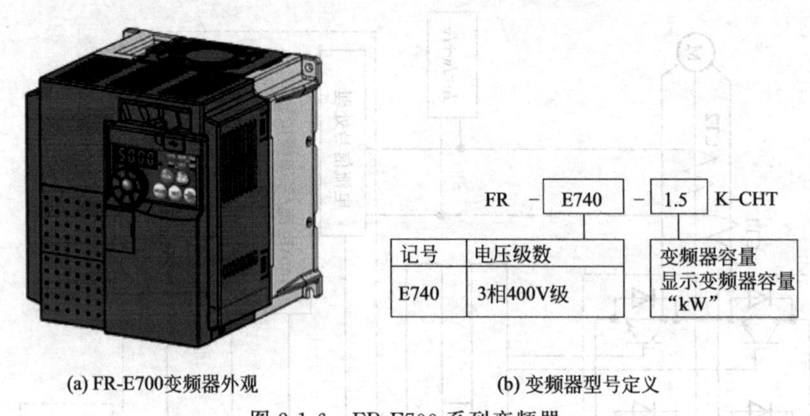

(a) FR-E700变频器外观　　(b) 变频器型号定义

图 2-1-6　FR-E700 系列变频器

1. FR-E740 系列变频器主电路的通用接线

FR-E740 系列变频器主电路的通用接线如图 2-1-7 所示。

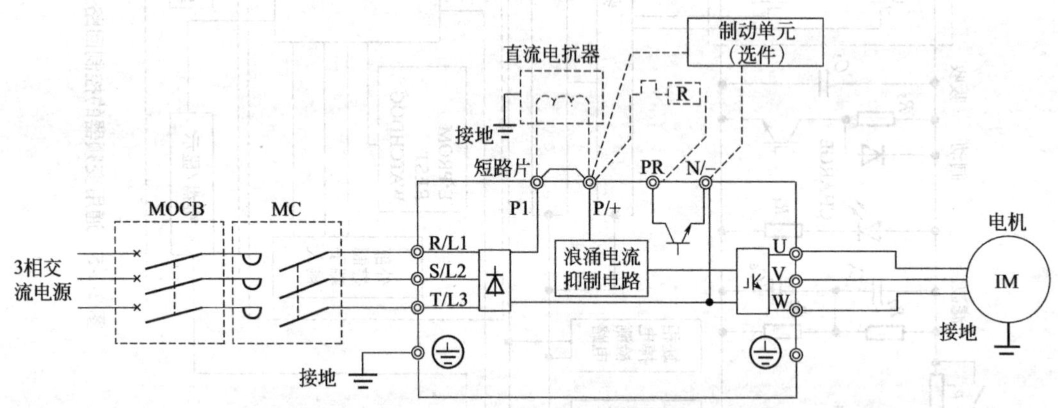

图 2-1-7　FR-E740 系列变频器主电路的通用接线

图中有关说明如下：

(1) 端子 P1、P/＋之间用以连接直流电抗器，不需连接时，两端子间短路。

(2) P/＋与 PR 之间用以连接制动电阻器，P/＋与 N/－之间用以连接制动单元选件。YL-158-G 设备均未使用，故用虚线画出。

(3) 交流接触器 MC 用作变频器安全保护，注意不要通过此交流接触器来启动或停止变频器，否则可能降低变频器寿命。在 YL-158-G 系统中，没有使用这个交流接触器。

(4) 进行主电路接线时，应确保输入、输出端不能接错，即电源线必须连接至 R/L1、S/L2、T/L3，绝对不能接 U、V、W，否则会损坏变频器。

2. FR-E740 系列变频器控制电路的接线

FR-E740 系列变频器控制电路的接线如图 2-1-8 所示。

控制电路端子分为控制输入、频率设定（模拟量输入）、继电器输出（异常输出）、集电极开路输出（状态检测）和模拟电压输出等 5 部分区域，各端子的功能可通过调整相关参数的值进行变更，在出厂初始值的情况下，各控制电路端子的功能说明如表 2-1-1～表 2-1-3 所示。

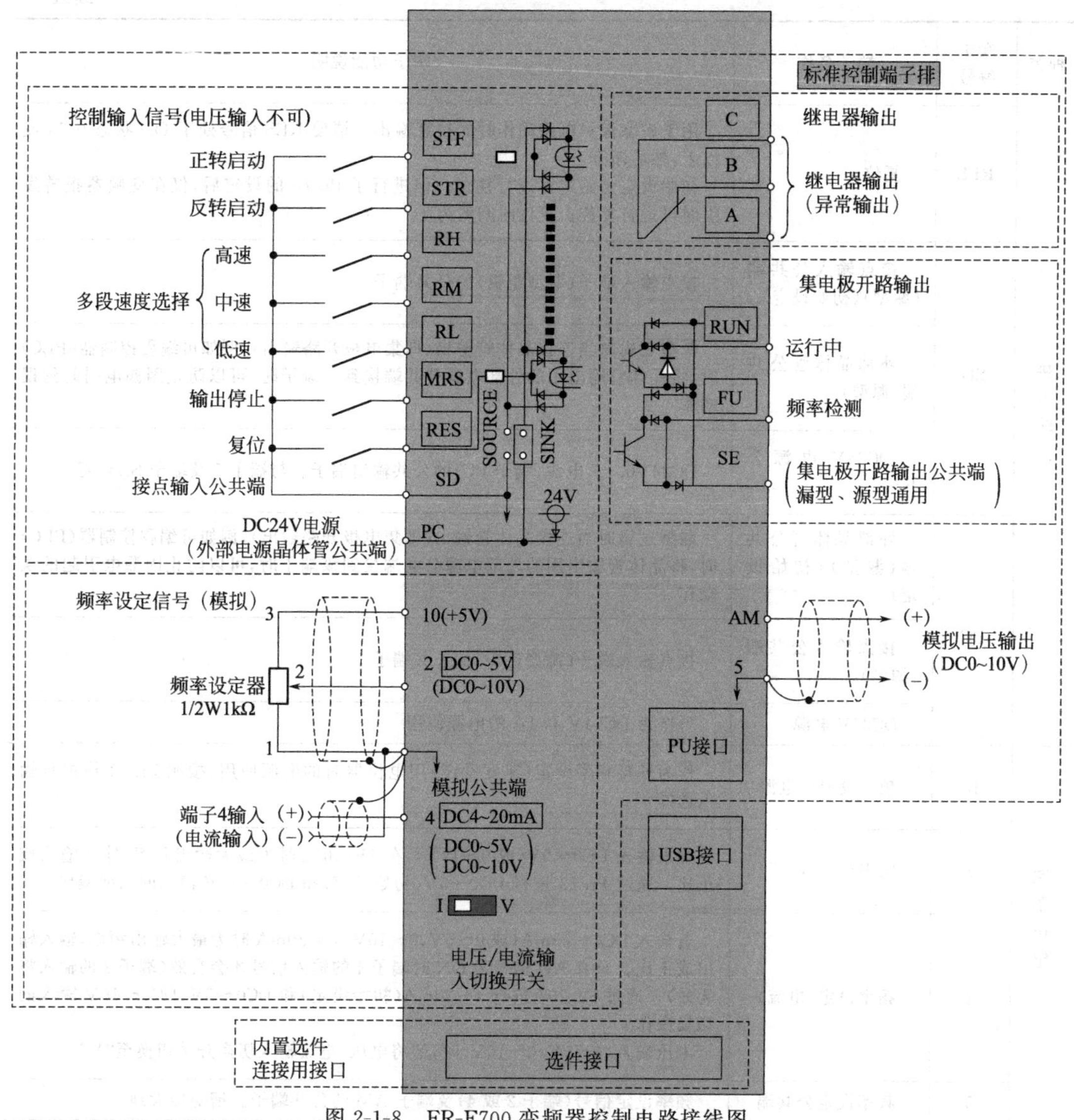

图 2-1-8 FR-E700 变频器控制电路接线图

表 2-1-1 控制电路输入端子的功能说明

种类	端子编号	端子名称	端子功能说明	
接点输入	STF	正转启动	STF 信号 ON 时为正转、OFF 时为停止指令	STF、STR 信号同时 ON 时变成停止指令
	STR	反转启动	STR 信号 ON 时为反转、OFF 时为停止指令	
	RH RM RL	多段速度选择	用 RH、RM 和 RL 信号的组合可以选择多段速度	
	MRS	输出停止	MRS 信号 ON(20ms 或以上)时,变频器输出停止 用电磁制动器停止电机时用于断开变频器的输出	

续表

种类	端子编号	端子名称	端子功能说明
	RES	复位	用于解除保护电路动作时的报警输出。请使RES信号处于ON状态0.1s或以上，然后断开。 初始设定为始终可进行复位。但进行了Pr.75的设定后，仅在变频器报警发生时可进行复位。复位时间约为1s
接点输入	SD	接点输入公共端(漏型)(初始设定)	接点输入端子(漏型逻辑)的公共端子
		外部晶体管公共端(源型)	源型逻辑时当连接晶体管输出(即集电极开路输出)，例如可编程控制器(PLC)时，将晶体管输出用的外部电源公共端接到该端子时，可以防止因漏电引起的误动作
		DC24V电源公共端	DC24V0.1A电源(端子PC)的公共输出端子。与端子5及端子SE绝缘
	PC	外部晶体管公共端(漏型)(初始设定)	漏型逻辑时当连接晶体管输出(即集电极开路输出)，例如可编程控制器(PLC)时，将晶体管输出用的外部电源公共端接到该端子时，可以防止因漏电引起的误动作
		接点输入公共端(源型)	接点输入端子(源型逻辑)的公共端子
		DC24V电源	可作为DC24V、0.1A的电源使用
频率设定	10	频率设定用电源	作为外接频率设定(速度设定)用电位器时的电源使用(按照Pr.73模拟量输入选择)
	2	频率设定(电压)	如果输入DC0～5V(或0～10V)，在5V(10V)时为最大输出频率，输入输出成正比。通过Pr.73进行DC0～5V(初始设定)和DC0～10V输入的切换操作
	4	频率设定(电流)	若输入DC4～20mA(或0～5V，0～10V)，在20mA时为最大输出频率，输入输出成正比。只有AU信号为ON时端子4的输入信号才会有效(端子2的输入将无效)。通过Pr.267进行4～20mA(初始设定)和DC0～5V、DC0～10V输入的切换操作。 电压输入(0～5V/0～10V)时，请将电压/电流输入切换开关切换至“V”
	5	频率设定公共端	频率设定信号(端子2或4)及端子AM的公共端子。请勿接大地

表 2-1-2 控制电路接点输出端子的功能说明

种类	端子记号	端子名称	端子功能说明
继电器	A、B、C	继电器输出(异常输出)	指示变频器因保护功能动作时输出停止的1c接点输出。异常时：B-C间不导通(A-C间导通)，正常时：B-C间导通(A-C间不导通)
集电极开路	RUN	变频器正在运行	变频器输出频率大于或等于启动频率(初始值0.5Hz)时为低电平，已停止或正在直流制动时为高电平
	FU	频率检测	输出频率大于或等于任意设定的检测频率时为低电平，未达到时为高电平
	SE	集电极开路输出公共端	端子RUN、FU的公共端子
模拟	AM	模拟电压输出	可以从多种监示项目中选一种作为输出。变频器复位中不被输出。输出信号与监示项目的大小成比例

表 2-1-3　控制电路网络接口的功能说明

种类	端子记号	端子名称	端子功能说明
RS-485	—	PU 接口	通过 PU 接口，可进行 RS-485 通信。 • 标准规格：EIA-485(RS-485) • 传输方式：多站点通信 • 通讯速率：4800～38400bps • 总长距离：500m
USB	—	USB 接口	与个人电脑通过 USB 连接后，可以实现 FR Configurator 的操作。 • 接口：USB1.1 标准 • 传输速度：12Mbps • 连接器：USB 迷你-B 连接器（插座：迷你-B 型）

3. FR-E700 系列的操作面板

使用变频器之前，首先要熟悉它的面板显示和键盘操作单元（或称控制单元），并且按使用现场的要求合理设置参数。FR-E700 系列变频器的参数设置，通常利用固定在其上的操作面板（不能拆下）实现，也可以使用连接到变频器 PU 接口的参数单元（FR-PU07）实现。使用操作面板可以进行运行方式、频率的设定，运行指令监视，参数设定、错误表示等。操作面板如图 2-1-9 所示，其上半部为面板显示器，下半部为 M 旋钮和各种按键。它们的具体功能如表 2-1-4 所示。

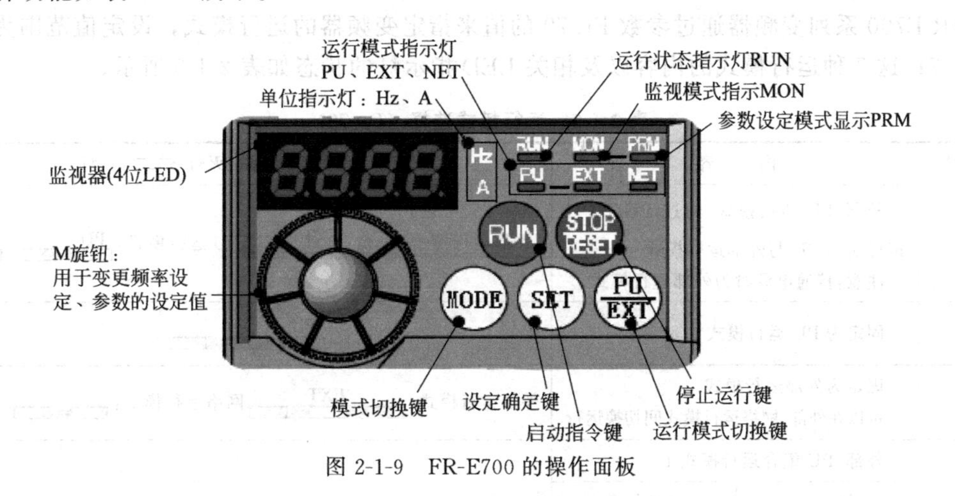

图 2-1-9　FR-E700 的操作面板

表 2-1-4　旋钮、按键功能

旋钮和按键	功　能
M 旋钮（三菱变频器旋钮）	旋动该旋钮用于变更频率设定、参数的设定值。按下该旋钮可显示以下内容。 · 监视模式时的设定频率 · 校正时的当前设定值 · 报警历史模式时的顺序
模式切换键 MODE	用于切换各设定模式。和运行模式切换键同时按下也可以用来切换运行模式。长按此键（2s）可以锁定操作
设定确定键 SET	各设定的确定 此外，当运行中按此键则监视器出现以下显示： 运行频率 → 输出电流 → 输出电压 →（返回运行频率）

续表

旋钮和按键	功能
运行模式切换键 PU/EXT	用于切换 PU/外部运行模式 使用外部运行模式(通过另接的频率设定电位器和启动信号启动的运行)时请按此键,使表示运行模式的 EXT 处于亮灯状态 切换至组合模式时,可同时按 MODE 键 0.5s,或者变更参数 Pr. 79
启动指令键 RUN	在 PU 模式下,按此键启动运行 通过 Pr. 40 的设定,可以选择旋转方向
停止运行键 STOP/RESET	在 PU 模式下,按此键停止运转 保护功能(严重故障)生效时,也可以进行报警复位

4. 变频器的运行模式

由表 2-1-4 可见，在变频器不同的运行模式下，各种按键、M 旋钮的功能各异。所谓运行模式是指对输入到变频器的启动指令和设定频率的命令来源的指定。

一般来说，使用控制电路端子、在外部设置电位器和开关来进行操作的是“外部运行模式”，使用操作面板或参数单元输入启动指令、设定频率的是“PU 运行模式”，通过 PU 接口进行 RS-485 通信或使用通信选件的是“网络运行模式（NET 运行模式）”在此不讲通信。在进行变频器操作以前，必须了解其各种运行模式，才能进行各项操作。

FR-E700 系列变频器通过参数 Pr. 79 的值来指定变频器的运行模式，设定值范围为 0～4，6，7；这 7 种运行模式的内容以及相关 LED 指示灯的状态如表 2-1-5 所示。

表 2-1-5　运行模式选择（Pr. 79）

<table>
<tr><th>设定值</th><th colspan="2">内　　容</th><th>LED 显示状态(▬ :灭灯 ▭ :亮灯)</th></tr>
<tr><td>0</td><td colspan="2">外部/PU 切换模式,通过 PU/EXT 键可切换 PU 与外部运行模式
注意:接通电源时为外部运行模式</td><td>外部运行模式: EXT　PU 运行模式: PU</td></tr>
<tr><td>1</td><td colspan="2">固定为 PU 运行模式</td><td>PU</td></tr>
<tr><td>2</td><td colspan="2">固定为外部运行模式
可以在外部、网络运行模式间切换运行</td><td>外部运行模式: EXT　网络运行模式: NET</td></tr>
<tr><td rowspan="3">3</td><td colspan="2">外部/PU 组合运行模式 1</td><td rowspan="6">PU EXT</td></tr>
<tr><td>频率指令</td><td>启动指令</td></tr>
<tr><td>用操作面板设定或用参数单元设定,或外部信号输入多段速设定,端子 4-5 间(AU 信号 ON 时有效)</td><td>外部信号输入(端子 STF、STR)</td></tr>
<tr><td rowspan="3">4</td><td colspan="2">外部/PU 组合运行模式 2</td></tr>
<tr><td>频率指令</td><td>启动指令</td></tr>
<tr><td>外部信号输入(端子 2、4、JOG、多段速选择等)</td><td>通过操作面板的 RUN 键、或通过参数单元的 FWD、REV 键来输入</td></tr>
</table>

续表

设定值	内　　容	LED显示状态（■：灭灯　□：亮灯）
6	切换模式可以在保持运行状态的同时，进行PU运行、外部运行、网络运行的切换	PU运行模式：PU 外部运行模式：EXT 网络运行模式：NET
7	外部运行模式（PU运行互锁） X12信号ON时，可切换到PU运行模式（外部运行中输出停止） X12信号OFF时，禁止切换到PU运行模式	PU运行模式：PU 外部运行模式：EXT

变频器出厂时，参数Pr.79设定值为0。当停止运行时用户可以根据实际需要修改其设定值。

修改Pr.79设定值的一种方法是：按MODE键使变频器进入参数设定模式；旋动M旋钮，选择参数Pr.79，用SET键确定之；然后再旋动M旋钮选择合适的设定值，用SET键确定之；两次按MODE键后，变频器的运行模式将变更为设定的模式。

图2-1-10是设定参数Pr.79的例子，把变频器从固定外部运行模式变更为组合运行模式1。

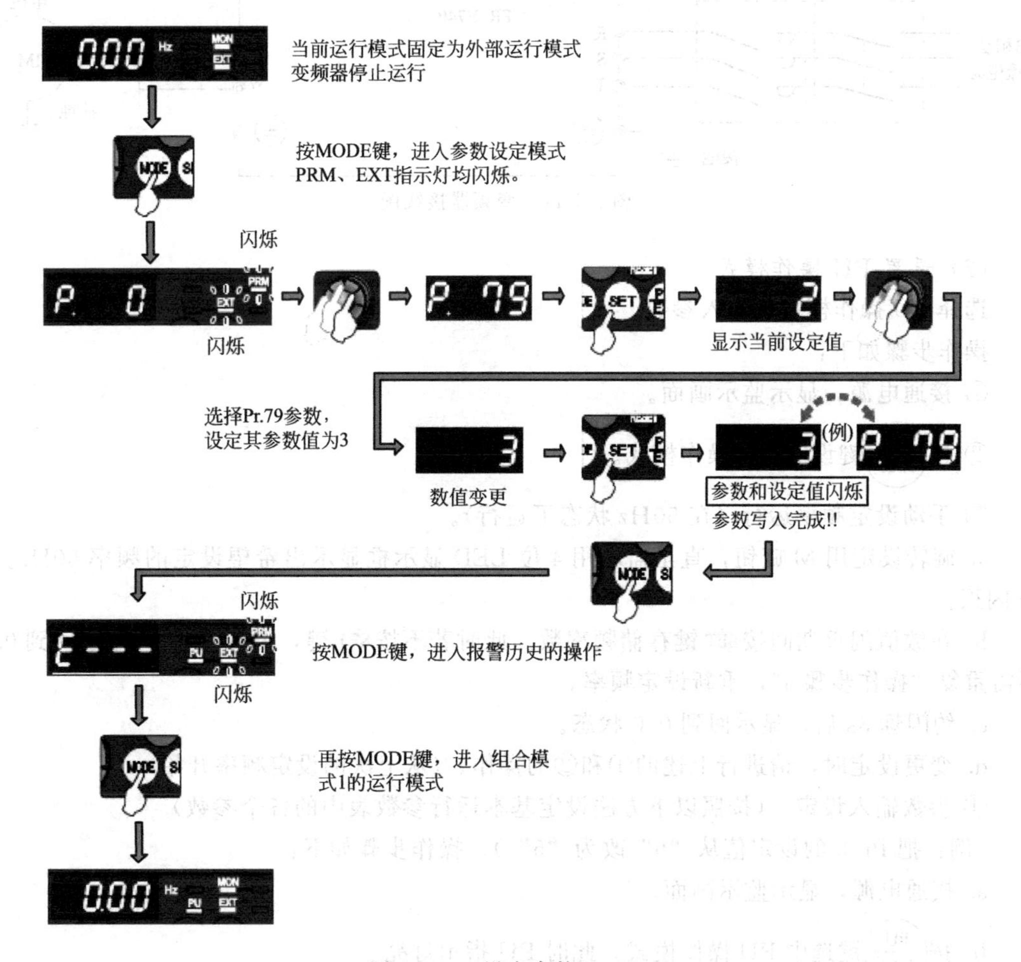

图2-1-10　设定参数Pr.79

任务实施

1. 实训设备及工具材料（如表 2-1-6 所示）

表 2-1-6　实训设备及工具材料

序号	分类	名称	型号规格	数量	单位	备注
1	工具	常用电工具		1	套	
2	仪表	万用表	型号自定	1	块	
3	设备器材	变频器	FR-E700 功率自定	1	台	接线及设定参数
			各种品牌	若干	台	识别
4	资料	变频器手册	E700 使用手册(基础篇)	1	本	

2. 实训内容与步骤

(1) 画出变频器接线图

变频器接线图如图 2-1-11 所示。

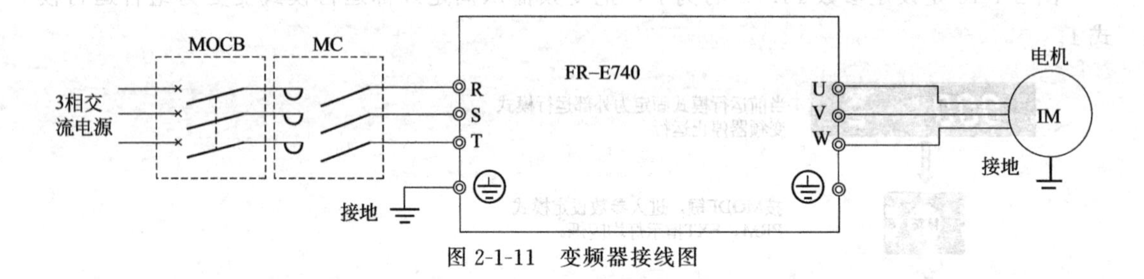

图 2-1-11　变频器接线图

(2) 设置 PU 操作模式

选择 PU 操作模式，输入参数。

操作步骤如下：

① 接通电源，显示监示画面。

② 按(PU/EXT)键设定 PU 操作模式。

③ 手动设定频率运行（在 50Hz 状态下运行）。

a. 旋转设定用 M 旋钮，直至监示用 4 位 LED 显示框显示出希望设定的频率 50Hz。约 5s 闪灭。

b. 在数值闪灭期间按SET键存储频率数。此时若不按SET键，闪烁 5s 后，显示回到 0.0。还需重复“操作步骤 a”，重新设定频率。

c. 约闪烁 3s 后，显示回到 0.0 状态。

d. 变更设定时，请进行上述的①和②的操作。(从上次的设定频率开始)

④ 参数输入设定　(按照以下方法设定基本运行参数表中的各个参数)

(例：把 Pr. 0 的设定值从“6”改为“5”)。操作步骤如下：

a. 接通电源，显示监示画面。

b. 按(PU/EXT)键选中 PU 操作模式，此时 PU 指示灯亮。

c. 按MODE键进入参数设置模式。

d. 拨动设定用M旋钮，选择参数号码，直至监示用4位LED显示P.0。

e. 按SET键读出现在设定的值（出厂时默认设定值为6）。

f. 拨动设定用M旋钮，把当前值减少到5。

g. 按SET键 完成设定值。

3. 通电调试

（1）按RUN键运行。

（2）按STOP/RESET键，停止运行。

4. 注意事项

（1）输入端子R、S、T接三相电源，输出端子U、V、W接三相电动机，输入与输出不能接反，否则将造成变频器损坏。

（2）布线或检查，请在断开电源5min后再进行工作。

任务评价

评分标准

项目内容	考核要求	评分标准	配分	扣分	得分
读识名牌	1. 正确识别变频器品牌 2. 正确理解型号的意义	识读有1处错误扣5分，识读有2处以上的错误不得分	10		
主控端子的识别	能正确识别主回路和控制回路端子的位置	识别错误每处扣2分	30		
安装及接线	安装及接线正确	安装及接线方法不规范1处扣5分，损坏元器件本项不得分	25		
参数设置	1. PU模式的设置 2. 频率的设置	PU模式的设置有错扣10分 频率的设置有错扣15分	25		
安全文明生产	劳动保护用品穿戴整齐，电工工具佩戴齐全，遵守操作规范	违反安全文明生产考核要求的任何一项扣2分，扣完为止	10		
合计					
工时定额30min	开始时间：		结束时间：		

拓展练习

1. 试述变频器的主要类型。
2. 试说明电压型交-直-交变频器主电路中制动单元的作用。
3. 认识常用的几种国产变频器外观和结构。
4. 认识几种常用的半导体器件。

任务二

变频器外部操作模式

任务描述

外部运行操作，即利用连接在变频器控制端子上的外部接线来控制电动机启停与运行频率的方法。除进行正确接线外，还应对其进行各种参数设置，以完成电动机正反转运行。经过本任务的基本训练，为变频器的深入应用打下良好的基础。

任务分析

以三菱变频器为例，通过对变频器基本参数的学习，学会参数设置、参数写入、修改、清除的操作。通过用外部操作模式控制电动机正反转运行，完成参数设置、参数写入、调速运行的操作，达到掌握变频器调速的基本操作能力。

知识准备

1. 常用参数设置

FR-E700 变频器有几百个参数，实际使用时，只需根据使用现场的要求设定部分参数，其余按出厂设定即可。一些常用参数，则是应该熟悉的。

（1）输出频率的限制（Pr. 1、Pr. 2、Pr. 18）

为了限制电机的速度，应对变频器的输出频率加以限制。用 Pr. 1“上限频率”和 Pr. 2“下限频率”来设定，输出频率的上、下限位。

当在 120Hz 以上运行时，用参数 Pr. 18“高速上限频率”设定高速输出频率的上限。

（2）加减速时间（Pr. 7、Pr. 8、Pr. 20、Pr. 21）

各参数的意义及设定范围如表 2-2-1 所示。

表 2-2-1 加减速时间相关参数的意义及设定范围

参数号	参数意义	出厂设定	设定范围	备注
Pr. 7	加速时间	5s	0～3600/360s	根据 Pr. 21 加减速时间单位的设定值进行设定。初始值的设定范围为“0～3600s”，设定单位为“0.1s”
Pr. 8	减速时间	5s	0～3600/360s	
Pr. 20	加/减速基准频率	50Hz	1～400Hz	
Pr. 21	加/减速时间单位	0	0/1	0:0～3600s;单位:0.1s 1:0～360s;单位:0.01s

设定说明：

① 用 Pr. 20 为加/减速的基准频率，在我国就选为 50Hz。

② Pr. 7 加速时间用于设定从停止到加减速基准频率的时间。

③ Pr. 8 减速时间用于设定从加减速基准频率到停止的时间。

2. 参数清除

如果用户在参数调试过程中遇到问题，并且希望重新开始调试，可用参数清除操作方法实现。即，在 PU 运行模式下，设定 Pr. CL 参数清除、ALLC 参数全部清除均为“1”，可使参数恢复为初始值。(但如果设定 Pr. 77 参数写入选择＝“1”，则无法清除。)

参数清除操作，需要在参数设定模式下，用 M 旋钮选择参数编号为 Pr. CL 和 ALLC，把它们的值均置为 1，操作步骤如图 2-2-1 所示。

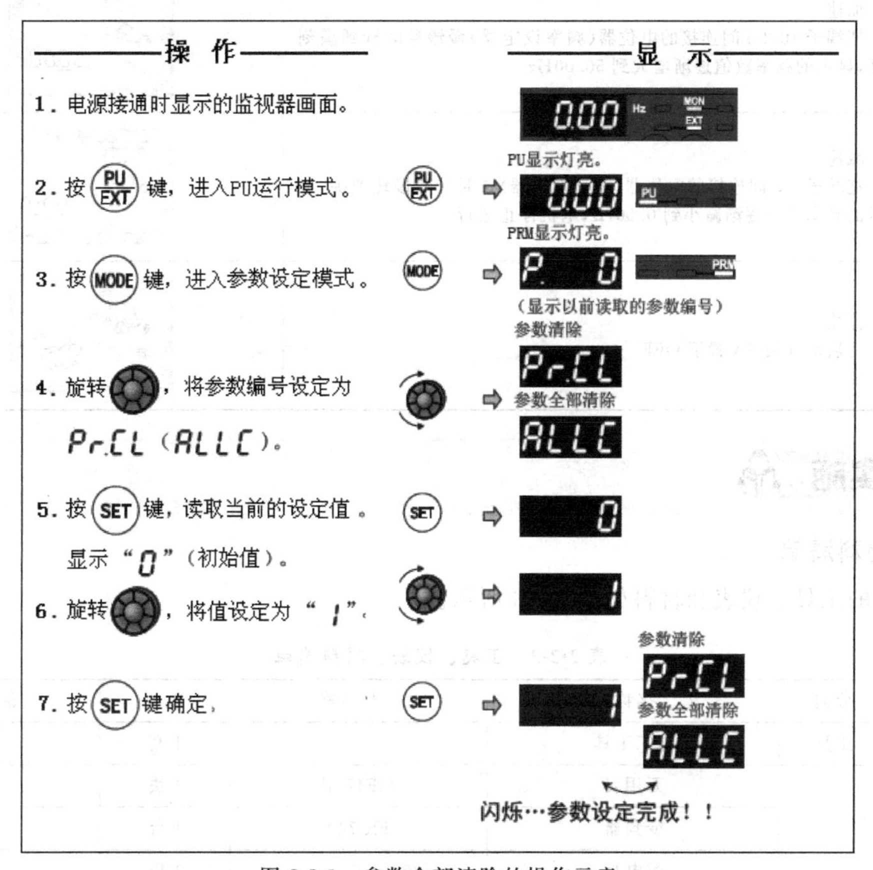

图 2-2-1　参数全部清除的操作示意

3. 外部运行操作步骤

根据正、反转端子功能，在变频器 STF、STR 和 SD 端子之间接入开关 SA。当 SA 置于正转时 SD 与 STF 接通，置于反转时 SD 与 STR 接通。通过改变 Pr. 79 的值来进行操作模式的切换，将 Pr. 79 设定为“2”，切换到外部运行操作模式。此时 PU 单元操作无效，可通过操作开关 SA 实现变频器的正、反转，旋转电位器 RP 改变频率。以 50Hz 正转运行操作为例的外部运行操作步骤见表 2-2-2。

表 2-2-2　外部运行操作步骤

步骤	说明	图示
1	上电→确认运行状态 将电源处于 ON，确认操作模式中显示“EXT” 如果“EXT”显示不亮，用模式[MOOE]键切换到参数设定模式 将 Pr. 79“操作模式选择”＝“2”	ON　EXT

续表

步骤	说明	图示
2	开始 将启动开关(STF 或 STR)处于 ON,表示运转的"RUN"灯,正转时点亮,反转时闪烁 注:如果正转和反转开关都处于 ON,电机不启动;如果在运行期间,两开关同时处于 ON,电机减速至停止状态	正转 反转 Hz RUN MON EXT
3	加速 把端子 10-2-5 间连接的电位器(频率设定器)慢慢顺时针到满刻度,显示的频率数值逐渐增大到 50.00Hz	外部旋钮 50.00
4	减速 把端子 2-5 间连接的电位器(频率设定器)逆时针慢慢转到头,显示的频率数值逐渐减小到 0.00Hz,电机停止运行	外部旋钮 0.00
5	停止 将启动开关 SA 置于 OFF	正转 反转 OFF 停止

任务实施

1. 材料清单

常用的工具、仪表和材料如表 2-2-3 所示。

表 2-2-3 工具、仪表、材料清单

序号	分类	名称	型号规格	数量	备注
1	工具	电工工具		1 套	
2		万用表	MF47 型	1 块	
3	器材	变频器	FR-740	1 台	
4		配电盘	500mm×600mm	1 块	
5		导轨	C45	0.3m	
6		自动断路器	DZ47-63/3P D20	1 只	
7		三相异步电动机	型号自定	1 台	
8		三位旋转开关	LAY7	1 只	
9		按钮	LA4-3H	1 只	
10		接触器	CJX2-9010	1 只	
11		端子排	D-20	1 根	
12	耗材	铜塑线	BVR/2.5mm²	5m	主电路
13		铜塑线	BVR/1mm²	10m	控制电路
14		紧固件	螺钉(型号自定)	若干	
15		线槽	25mm×35mm	若干	
16		号码管		若干	

2. 设计变频器电路原理图

变频器外部端子控制电动机正反转的电路原理图，如图 2-2-2 所示。

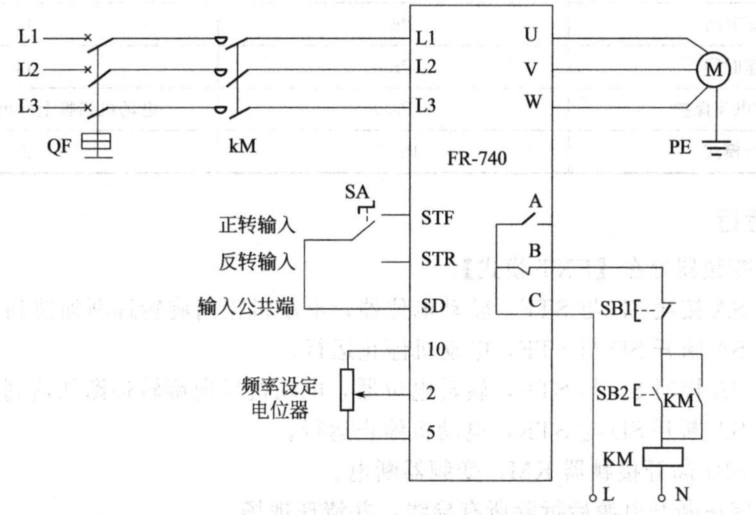

图 2-2-2　外部端子控制电动机正反转原理图

3. 绘制布局图

根据外部端子控制电动机正反转原理图与变频器使用说明书的要求画出布局图，如图 2-2-3 所示。注意变频器最好安装在实验板的中部，变频器要垂直安装，正上方和正下方要避免有大的元器件，元件位置要整齐匀称，间距合理。

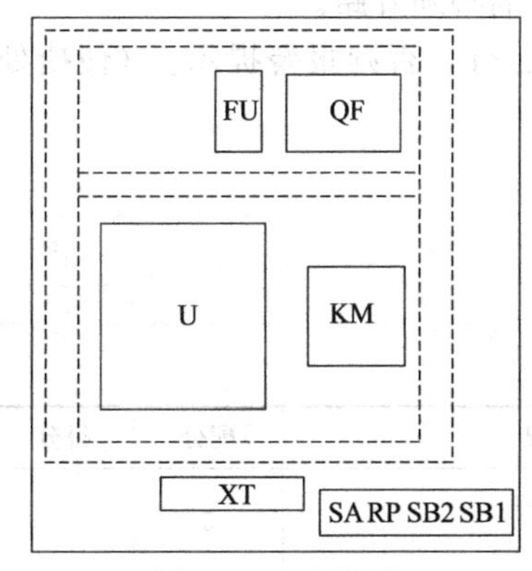

图 2-2-3　布局图

4. 安装元件

按图 2-2-3 所示的布置图安装电气元件，并贴上醒目的标签。

5. 布线

按照外部端子控制电动机正反转原理图，完成实训接线。根据方便，接线无顺序要求。一般先接配电板的线路，后接电动机、电源进线。

6. 自检

用万用表测试，检查接线是否正确。

7. 通电设置变频器参数

(1) 检查无误后，按下启动按钮 SB2，接触器 KM 吸合给变频器送电。

(2) 确认变频器处在【PU 模式】，若不是，则设定 Pr. 79=1，使 PU 灯亮。

(3) 设定表 2-2-4 中的参数。

表 2-2-4　参数设定表

参数名称	参数号	设定数值
上限频率	Pr. 1	50Hz

续表

参数名称	参数号	设定数值
下限频率	Pr. 2	0Hz
加速时间	Pr. 7	4s
减速时间	Pr. 8	4s
电子过电流保护	Pr. 9	电动机铭牌上标出额定电流值
运行模式	Pr. 79	2

8. 调试运行

(1) 确认变频器处在【EXT 模式】。

(2) 操作 SA 接通 SD 与 STF，转动电位器，电动机正向旋转逐渐加速到 30Hz。

(3) 操作 SA 断开 SD 与 STF，电动机停止运行。

(4) 操作 SA 接通 SD 与 STR，转动电位器，电动机反向旋转逐渐加速到 40Hz。

(5) 操作 SA 断开 SD 与 STR，电动机停止运行。

(6) 按下 SB1 断开接触器 KM，变频器断电。

(7) 训练完毕断开电源后拆除所有导线，并清理现场。

9. 注意事项

(1) 输入端子 R、S、T 接三相电源，输出端子 U、V、W 接三相电动机，输入与输出不能接反，否则将造成变频器损坏。

(2) P 与“+”两端必须用短路片短接；PR 与“−”两端必须开路。

(3) 不能用 PU 参数单元上的【STOP】键停止电动机运行，否则报警提示。(便捷处理的方法是断开变频器电源，再重新送电)

(4) 布线或检查，请在断开电源 5min 后在进行工作。

任务评价

测评表

项目	检查要点	检查情况	配分	得分
电路设计	绘图规范性	绘图不规范，扣 1 分 图纸不清洁，扣 1 分	5	
	电路图的正确性	绘制不正确，不得分 部分功能不实现，每处扣 5 分	15	
安装与配线	电路连接	连接不对，2 分/处	15	
	导线颜色	不按要求连接的导线颜色，1 分/处，最多扣 5 分	5	
	电路工艺	布局不合理、零乱，扣 1 分	15	
参数设置	设置变频器参数	错一个参数扣 2 分	20	
调试运行	启、停 KM 接触器	运行不正常，不得分	5	
	正转运行	运行不正常，不得分	5	
	反转运行	运行不正常，不得分	5	
安全文明生产	遵守安全文明生产规定，如出现设备、人身事故视为不合格		10	

拓展练习

1. 在本次实习任务中，设置了哪些参数？使用了哪些外部端子？

2. 用电位器控制变频器的输出频率时，实际上是通过什么来控制变频器的输出频率？电位器该如何选用？

3. 上述电路存在一定缺陷，一是当 SA 处于正转或反转时，难以避免由 KM 直接控制变频器；二是容易出现 SA 尚未停机时通过 KM 而切断电源的误动作。请自主设计电路原理图解决上述问题。

任务三　变频器与 PLC 实现多段速控制

任务描述

某机床用变频器与 PLC 实现七段速控制，按下启动按钮后，电动机按 20Hz、25Hz、30Hz、35Hz、40Hz、45Hz、50Hz 七个速度间隔 5s 运行，最后在 50Hz 下长期运行。按下停止按钮电动机停止转动。

任务分析

本项目对某机床进行速度控制，要求电动机七速运行。七个速度间隔 5s 切换，运行时按停止按钮随时停机，属顺序控制。电动机转速可用 PLC 控制变频器来实现。七种转速可用变频器多段速度参数 Pr. 4、Pr. 5、Pr. 6 来预置，由 PLC 分别给 RH、RM、RL 端子开关信号来选择速度。

知识准备

一、变频器的组合运行

即面板 PU 操作和外部操作两种方式并用。

Pr. 79＝3 组合运行方式一：用外部接线控制电动机的启动停止，而由 PU 调节频率。

Pr. 79＝4 组合运行方式二：启动用 PU 控制，频率用电位器或其他外部信号调节。

二、多段速的设置

七段速的运行频率由参数 Pr. 4～Pr. 6（设置前 3 段速的频率）、Pr. 24～Pr. 27（设置第四段速至第七段速的频率）来设置。对应的控制端状态及参数关系见图 2-3-1。

如果把参数 Pr. 183 设置为 8，将 RMS 端子的功能转换成多速段控制端 REX，就可以用 RH、RM、RL 和 REX 通断的组合来实现十五段速。对应的控制端状态及参数关系见表 2-3-1。

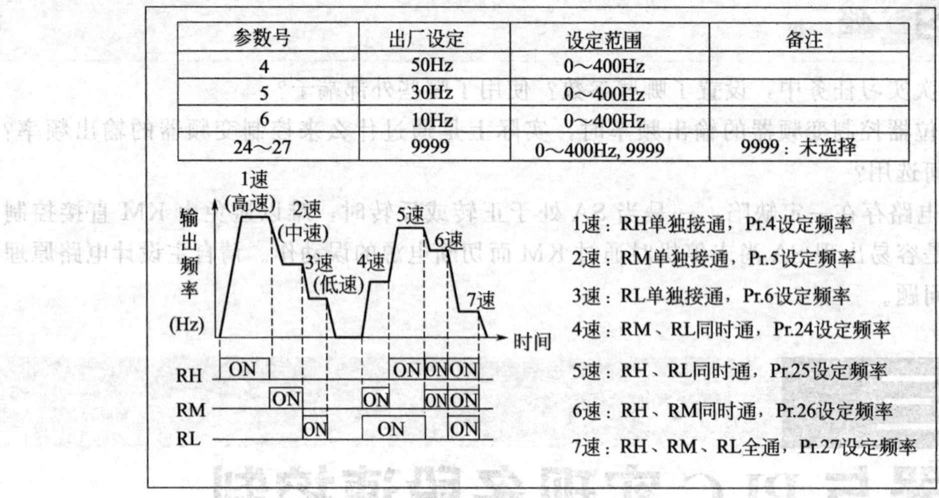

参数号	出厂设定	设定范围	备注
4	50Hz	0～400Hz	
5	30Hz	0～400Hz	
6	10Hz	0～400Hz	
24～27	9999	0～400Hz, 9999	9999：未选择

图 2-3-1　七段速的设置

表 2-3-1　十五段速的设置

速度	参数	速度端子状态			
		RH	RM	RL	REX
速度 1	Pr. 4	1	0	0	0
速度 2	Pr. 5	0	1	0	0
速度 3	Pr. 6	0	0	1	0
速度 4	Pr. 24	0	1	1	0
速度 5	Pr. 25	1	0	1	0
速度 6	Pr. 26	1	1	0	0
速度 7	Pr. 27	1	1	1	0
速度 8	Pr. 232	0	0	0	1
速度 9	Pr. 233	0	0	1	1
速度 10	Pr. 234	0	1	0	1
速度 11	Pr. 235	0	1	1	1
速度 12	Pr. 236	1	0	0	1
速度 13	Pr. 237	1	0	1	1
速度 14	Pr. 238	1	1	0	1
速度 15	Pr. 239	1	1	1	1
备注	"1"表示外接开关接通，"0"表示外接开关断开；Pr. 183＝8				

三、用 PLC 控制变频器实现调速的方法

某电动机需要三种转速，分别是 25Hz、35Hz、45Hz。要求用 PLC 控制变频器来实现。具体要求是：按下启动按钮，电动机以 25Hz 的速度运行；6s 后转为 35Hz 的速度运行；再过 10s 后转为 45Hz 的速度运行；10s 后停止运行。运行中若按停止按钮，电动机即时停止。三种转速可用变频器多段速度参数 Pr. 4、Pr. 5、Pr. 6 来预置，由 PLC 分别给 RH、RM、

RL 端子开关信号来选择速度。

1. 确定 PLC 的 I/O 分配表

PLC 的 I/O 分配如表 2-3-2。

表 2-3-2 PLC 的 I/O 分配表

输入端(I)		输出端(O)	
外接元件	输入端子	外接元件	输出端子
启动按钮 SB1	X0	STF 端子	Y0
停止按钮 SB2	X1	RH 端子	Y1
		RM 端子	Y2
		RL 端子	Y3

2. 设计变频器电路原理图

变频器、PLC 接线图如图 2-3-2 所示。

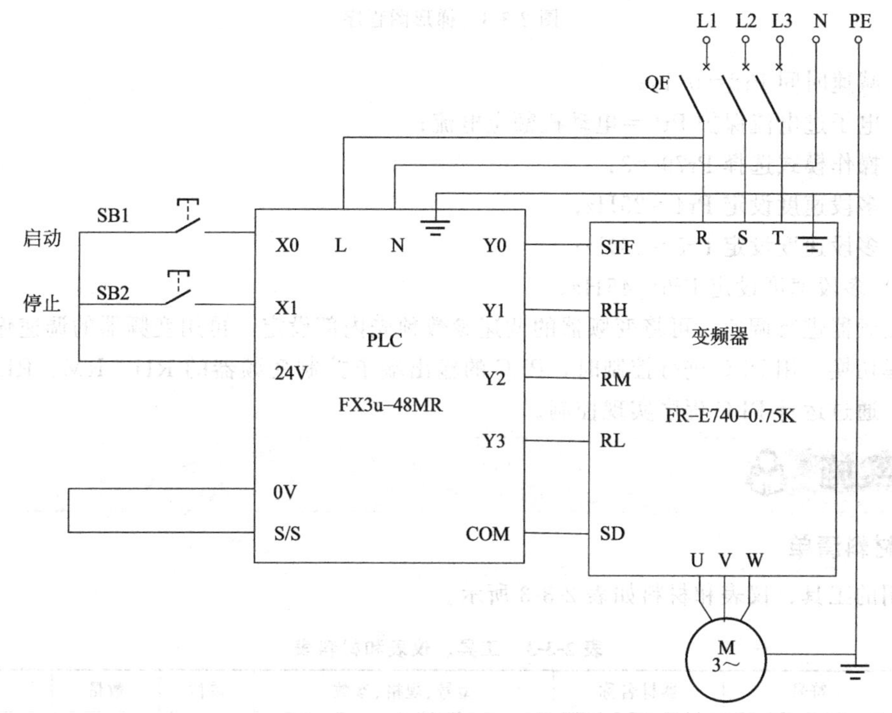

图 2-3-2 变频器、PLC 接线图

3. 设计梯形图程序

梯形图程序如图 2-3-3。

4. 设置变频器参数

(1) 上限频率 Pr1=60Hz;

(2) 下限频率 Pr2=00Hz;

(3) 基准频率 Pr3=50Hz;

(4) 加速时间 Pr7=0.1s;

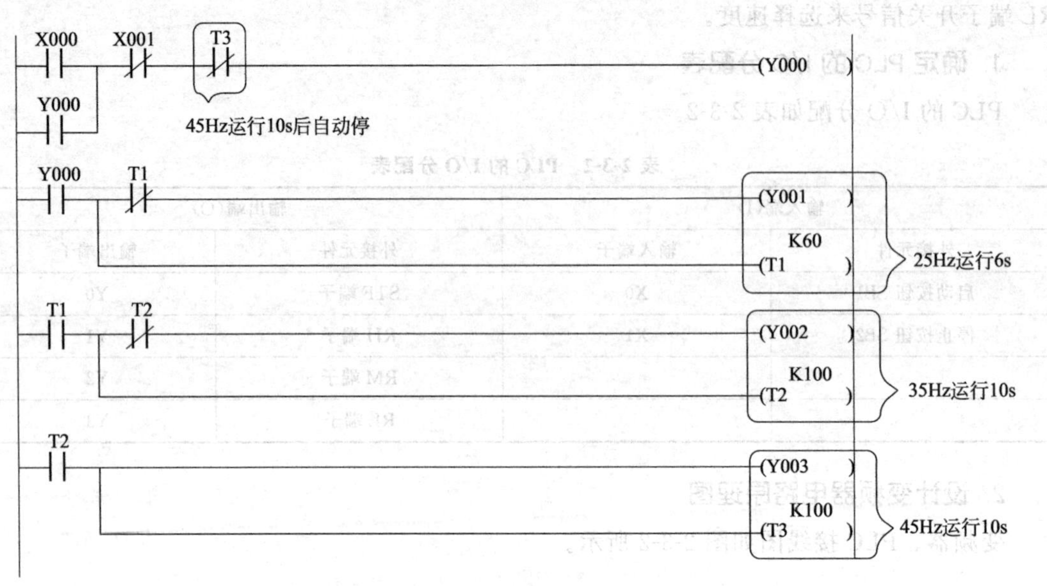

图 2-3-3　梯形图程序

（5）减速时间 Pr8＝0.1s；

（6）电子过电流保护 Pr9＝电动机额定电流；

（7）操作模式选择 Pr79＝3；

（8）多段速度设定 Pr4＝25Hz；

（9）多段速度设定 Pr5＝35Hz；

（10）多段速度设定 Pr6＝45Hz。

用变频器进行调速，可将变频器的调速参数预先内部设定，再用变频器的调速输入端子进行选择切换，用 PLC 进行控制时，PLC 的输出端子控制变频器的 RH、RM、RL 调速输入端子，通过运行 PLC 程序实现控制。

任务实施

1. 材料清单

常用的工具、仪表和材料如表 2-3-3 所示。

表 2-3-3　工具、仪表和材料表

序号	符号	器材名称	型号、规格、参数	单位	数量	备注
1	PLC	可编程控制器	FX3u-48MR	台	1	
2	FR-E740	变频器	三菱 FR-E740-0.75K	台	1	
3	M	交流电动机	Y-112M-4 380V	台	1	
4	QF	空气断路器	DZ47-D25/3P	个	1	
5	SB1	按钮开关	LA39-11	个	1	常开
6	SB2	按钮开关	LA39-11	个	1	常开
7		计算机	GX Developer 软件	台	1	
8		电工常用工具		套	1	
9		连接导线		条	若干	

2. 确定 PLC 的 I/O 分配表

PLC 的 I/O 分配表如表 2-3-4。

表 2-3-4 PLC 的 I/O 分配表

输入端(I)		输出端(O)	
外接元件	输入端子	外接元件	输出端子
启动按钮 SB1	X0	STF 端子	Y0
停止按钮 SB2	X1	RH 端子	Y1
		RM 端子	Y2
		RL 端子	Y3

3. 设计变频器电路原理图

变频器、PLC 接线图如图 2-3-4 所示。

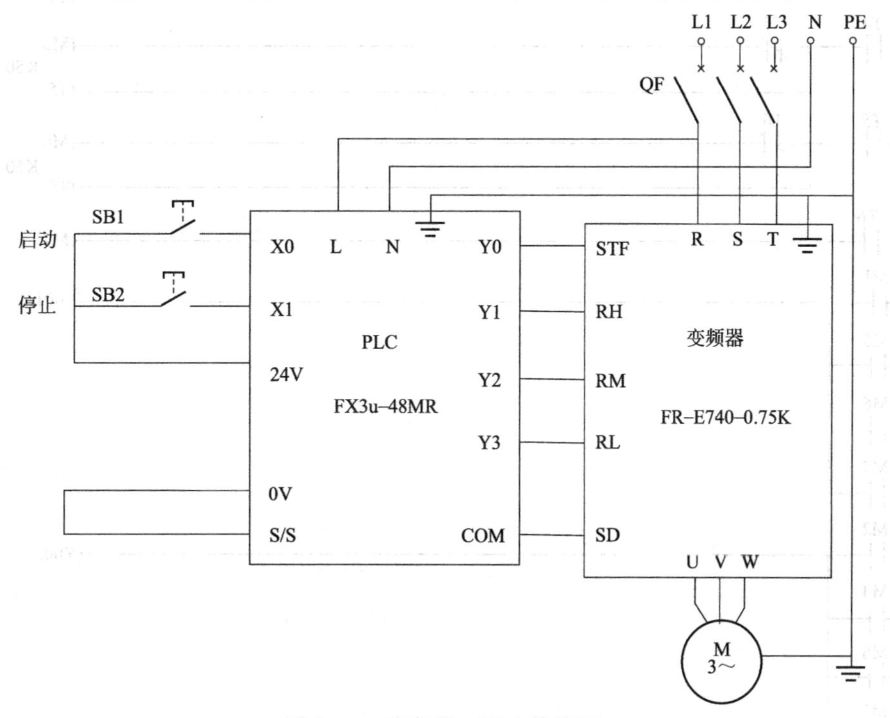

图 2-3-4 变频器、PLC 接线图

4. 编写梯形图程序

梯形图程序如图 2-3-5。

5. 布线

按照原理图，完成实训接线。根据方便，接线无顺序要求。一般先接配电板的线路，后接电动机、电源进线。

6. 自检

用万用表测试，检查接线是否正确。

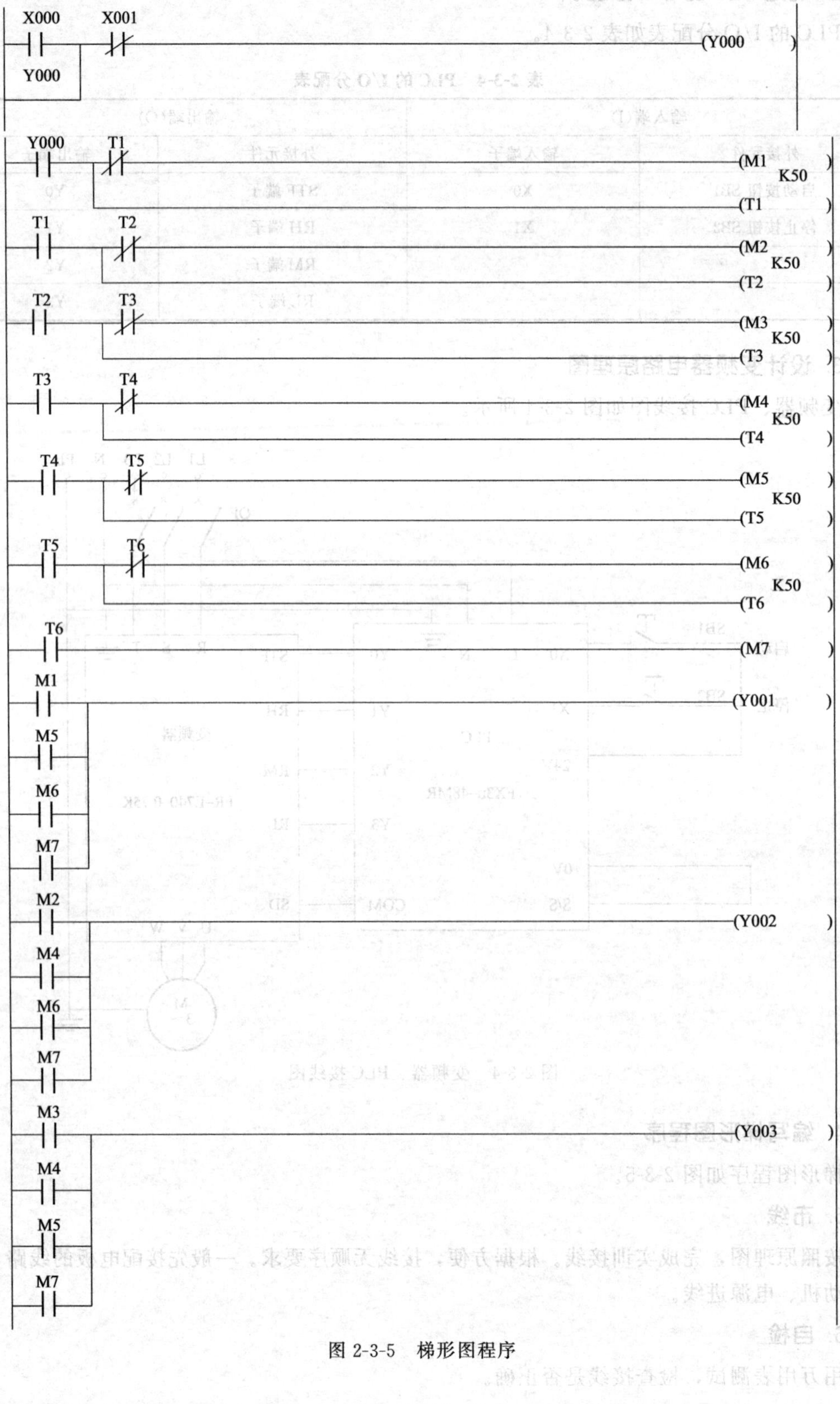

X000 X001 (Y000)
Y000

Y000 T1 (M1) K50
(T1)

T1 T2 (M2) K50
(T2)

T2 T3 (M3) K50
(T3)

T3 T4 (M4) K50
(T4)

T4 T5 (M5) K50
(T5)

T5 T6 (M6) K50
(T6)

T6 (M7)

M1 (Y001)
M5
M6
M7

M2 (Y002)
M4
M6
M7

M3 (Y003)
M4
M5
M7

图 2-3-5　梯形图程序

7. 通电设置变频器参数

（1）检查无误后，给变频器送电。

（2）确认变频器处在【EXT模式】，若不是，则设定Pr. 79＝3，使EXT灯亮。

（3）设定变频器参数。如表2-3-5所示。

表2-3-5 变频器参数设定表

参数名称	参数号	设定数值
上限频率	Pr. 1	60Hz
下限频率	Pr. 2	0Hz
基准频率	Pr. 3	50Hz
多段速度设定	Pr. 4	20Hz
多段速度设定	Pr. 5	25Hz
多段速度设定	Pr. 6	30Hz
加速时间	Pr. 7	0. 1s
减速时间	Pr. 8	0. 1s
电子过电流保护	Pr. 9	电动机铭牌上标出额定电流值
多段速度设定	Pr. 24	35Hz
多段速度设定	Pr. 25	40Hz
多段速度设定	Pr. 26	45Hz
多段速度设定	Pr. 27	50Hz
运行模式	Pr. 79	3

8. 调试运行

（1）模拟调试程序。断开变频器电源，按下启动按钮观察PLC的程序运行是否符合要求。

（2）空载调试。接上变频器，确认变频器处在【EXT模式】，不接电动机，进行PLC与变频器的空载调试，通过变频器的操作面板观察变频器输出是否正确，否则，检查项目接线、变频器参数、PLC程序，直至变频器按要求运行。

（3）系统调试。将变频器、电动机都接上，观察电动机是否按要求运行，否则检查接线、变频器参数、PLC程序，直至电动机按要求运行。

（4）停止运行，断开变频器。

（5）训练完毕断开电源后拆除所有导线，并清理现场。

9. 注意事项

（1）输入端子R、S、T接三相电源，输出端子U、V、W接三相电动机，输入与输出不能接反，否则将造成变频器损坏。

（2）P与“＋”两端必须用短路片短接；PR与“－”两端必须开路。

（3）不能用PU参数单元上的【STOP】键停止电动机运行，否则报警提示。（便捷处理的方法是断开变频器电源，再重新送电）

（4）布线或检查，请在断开电源5min后在进行工作。

任务评价

项目	检查要点	检查情况	配分	得分
电路设计	绘图规范性	绘图不规范,扣1分 图纸不清洁,扣1分	5	
	电路图及梯形图的正确性	绘制不正确,不得分 部分功能不实现,每处扣5分	15	
安装与配线	电路连接	连接不对,2分/处	15	
	导线颜色	不按要求连接的导线颜色,1分/处,最多扣5分	5	
	电路工艺	布局不合理、零乱,扣1分	15	
PLC程序	程序的写入监控	不会写入,不得分 不会监控,扣5分	10	
参数设置	设置变频器数	错一个参数扣2分	10	
调试运行	模拟调试	运行不正常,不得分	5	
	空载调试	运行不正常,不得分	5	
	系统调试	运行不正常,不得分	5	
文明生产	遵守安全文明生产规定,如出现设备、人身事故视为不合格		10	

拓展练习

某机床用变频器与PLC实现七段速及正反转控制，按下正转启动按钮后，电动机按20Hz、25Hz、30Hz、35Hz、40Hz、45Hz、50Hz七个速度间隔5s运行，最后在50Hz下长期运行。按下停止按钮电动机停止转动。按下反转启动按钮后，电动机按20Hz、25Hz、30Hz、35Hz、40Hz、45Hz、50Hz七个速度间隔5s运行，最后在50Hz下长期运行。按下停止按钮电动机停止转动。

项目三 触摸屏基本知识与使用

知识目标

1. 认识 TPC7062K 触摸屏。
2. 了解 MCGS 嵌入版组态软件的功能和特点。
3. 掌握脚本语言编程的方法与步骤。
4. 掌握 SFC 编程方法。

技能目标

1. 掌握昆仑通态触摸屏与电脑、PLC 的连接。
2. 掌握昆仑通态触摸屏基本属性的设置。
3. 掌握昆仑通态触摸屏基本编程步骤及方法。
4. 掌握与昆仑通态触摸屏 PLC 的联机调试。

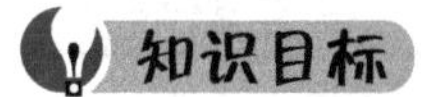

项目概述

昆仑通态研发的人机界面 TPC7062KS 是一款嵌入式组态软件。该产品设计采用了 7 英寸高亮度 TFT 液晶显示屏（分辨率 800×480），四线电阻式触摸屏（分辨率 4096×4096），色彩达 64K 彩色。触摸屏作为一种最新的电脑输入设备，它是目前最简单、方便、自然的一种人机交互方式。它赋予了多媒体以崭新的面貌，是极富吸引力的全新多媒体交互设备。主要应用于公共信息的查询、工业控制等领域。本项目主要通过学习用触摸屏控制电动机的启动与停止，利用脚本语言设置密码，PLC、变频器与触摸屏在电动机控制中的应用等内容，让学生了解 TPC7062K 和 MCGS 嵌入版组态软件系统总体的结构框架，学习使用 TPC7062K 和 MCGS 嵌入版组态软件，学会使用触摸屏来操控工业电气设备。

任务一 用触摸屏控制电动机的启动与停止

任务描述

利用触摸屏设置启动、停止按钮控制电动机，显示电动机的运行。

任务分析

通过学习 TPC7062K 和 MCGS 嵌入版组态软件系统总体的结构框架，学习使用 TPC7062K 和 MCGS 嵌入版组态软件，学会触摸屏的基本应用。

知识准备

一、认识 TPC7062K

TPC7062K 七大优势：

（1）高清：800×480 分辨率，体验精致、自然、通透的高清性能。

（2）真彩：65535 色数字真彩，丰富的图形库，享受逼真画质。

（3）可靠：抗干扰性能达到工业Ⅲ级标准，采用 LED 背光永不黑屏。

（4）配置：ARM9 内核、400M 主频、64M 内存、64M 存储空间。

（5）软件：MCGS 全功能组态软件，支持 U 盘备份恢复，功能更强大。

（6）环保：低功耗，整机功耗仅 6W，发展绿色工业，倡导能源节约。

（7）时尚：7″宽屏显示、超轻、超薄机身设计，引领简约时尚。

1. TPC7062K 的产品外观

（1）外观尺寸，如图 3-1-1 所示。

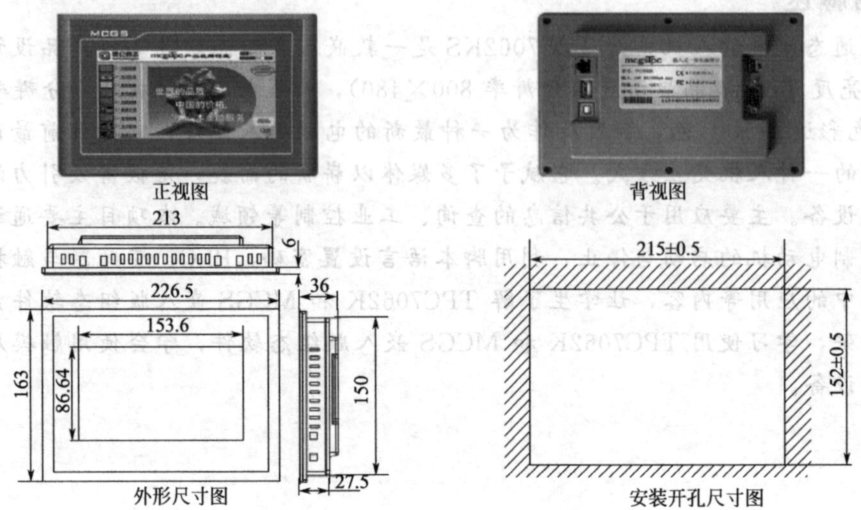

图 3-1-1 TPC7062K 的外观尺寸

(2) 安装角度介于0°～30°之间。如图3-1-2所示。

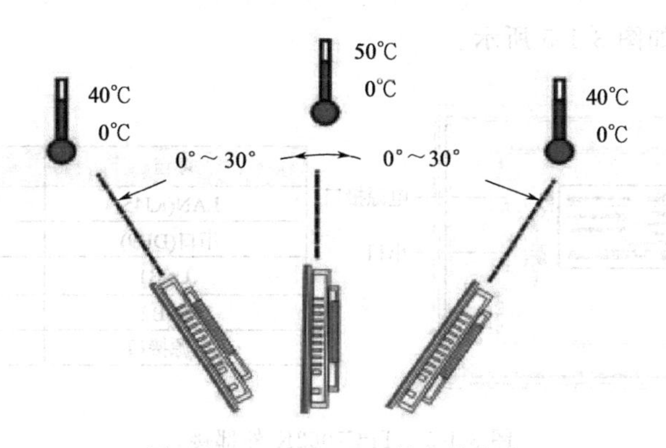

图3-1-2　TPC7062K的安装角度

(3) 挂钩安装说明，安装前注意螺钉前端要与挂钩边缘持平。如图3-1-3所示。

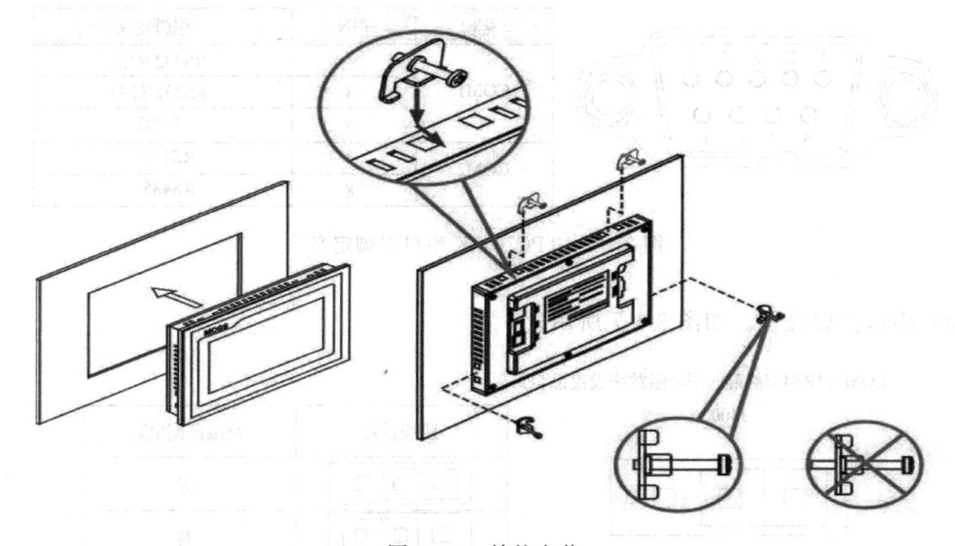
图3-1-3　挂钩安装

(4) 电源接线

需要直流24V电源，输出功率为15W。接线步骤如下：

步骤一：将24V电源线剥线后插入电源插头接线端子中；

步骤二：将电源插头螺钉拧紧；

步骤三：将电源插头插入电源插座。

电源插头示意图及引脚定义如图3-1-4所示。

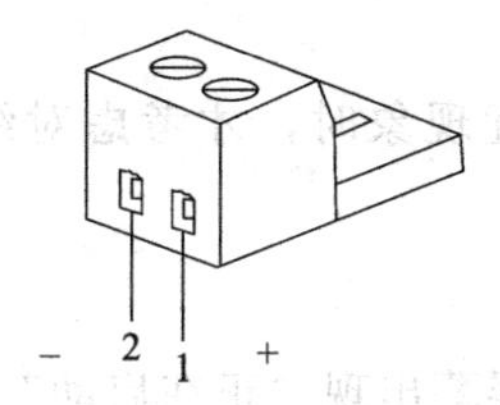

PIN	定义
1	＋
2	－

图3-1-4　电源插头及引脚定义示意图

2. TPC7062K 外部接口

（1）接口说明。如图 3-1-5 所示。

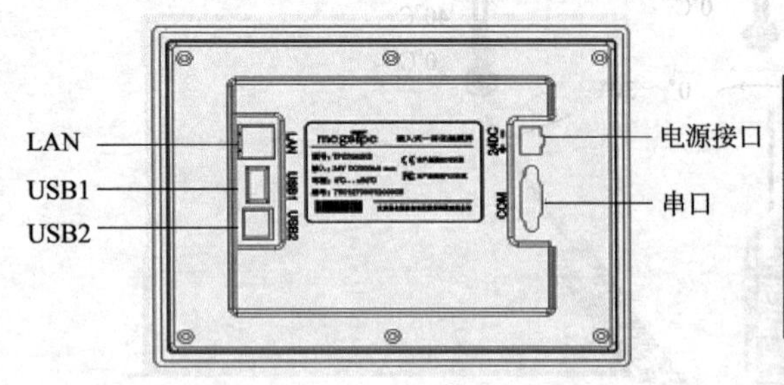

项目	TPC7062K
LAN(RJ45)	以太网接口
串口(DB9)	1×RS232，1×RS485
USB1	主口，USB1.1兼容
USB2	从口，用于下载工程
电源接口	24VDC±20%

图 3-1-5　TPC7062K 外部接口

（2）串口引脚定义。如图 3-1-6 所示。

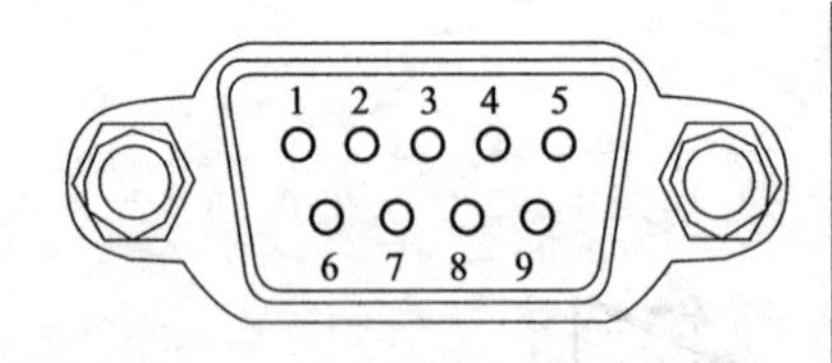

接口	PIN	引脚定义
COM1	2	RS232 RXD
	3	RS232 TXD
	5	GND
COM2	7	RS485+
	8	RS485−

图 3-1-6　TPC7062K 串口引脚定义

（3）串口扩展设置。如图 3-1-7 所示。

COM2口RS485终端匹配电阻跳线设置说明：

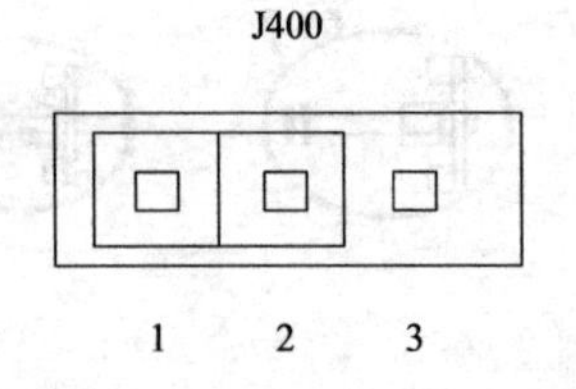

跳线设置	终端匹配电阻
	无
	有

图 3-1-7　串口扩展设置

跳线设置步骤如下：

步骤 1：关闭电源，取下产品后盖；

步骤 2：根据所需使用的 RS485 终端匹配电阻需求设置跳线开关；

步骤 3：盖上后盖；

步骤 4：开机后相应的设置生效。

默认设置：无匹配电阻模式。

当 RS485 通信距离大于 20m，且出现通信干扰现象时，才考虑对终端匹配电阻进行设置。

3. TPC7062K 启动

使用 24V 直流电源给 TPC 供电，开机启动后屏幕出现“正在启动”提示进度条，此时不需要任何操作系统将自动进入工程运行界面。如图 3-1-8 所示。

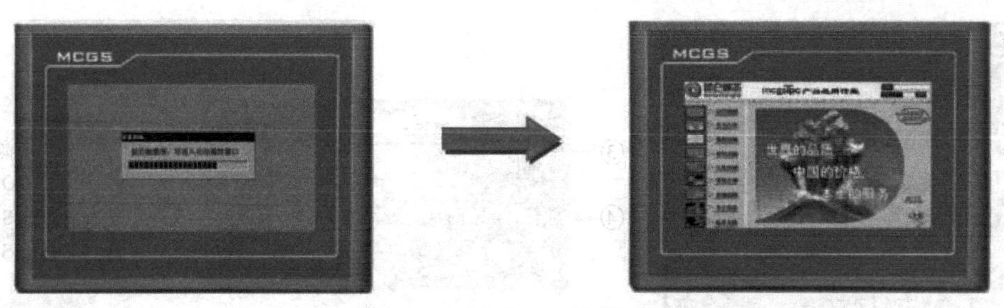

图 3-1-8　TPC 7062K 启动

二、MCGS 嵌入版组态软件

1. MCGS 嵌入版组态软件的主要功能和特点

（1）简单灵活的可视化操作界面：采用全中文、可视化的开发界面，符合中国人的使用习惯和要求。

（2）实时性强、有良好的并行处理性能：是真正的 32 位系统，以线程为单位对任务进行分时并行处理。

（3）丰富、生动的多媒体画面：以图像、图符、报表、曲线等多种形式，为操作员及时提供相关信息。

（4）完善的安全机制：提供了良好的安全机制，可以为多个不同级别用户设定不同的操作权。

（5）强大的网络功能：具有强大的网络通信功能。

（6）多样化的报警功能：提供多种不同的报警方式，具有丰富的报警类型，方便用户进行报警设置。

（7）支持多种硬件设备。

2. MCGS 嵌入版组态软件的组成

MCGS 嵌入版生成的用户应用系统，由主控窗口、设备窗口、用户窗口、实时数据库和运行策略五个部分构成，如图 3-1-9 所示。

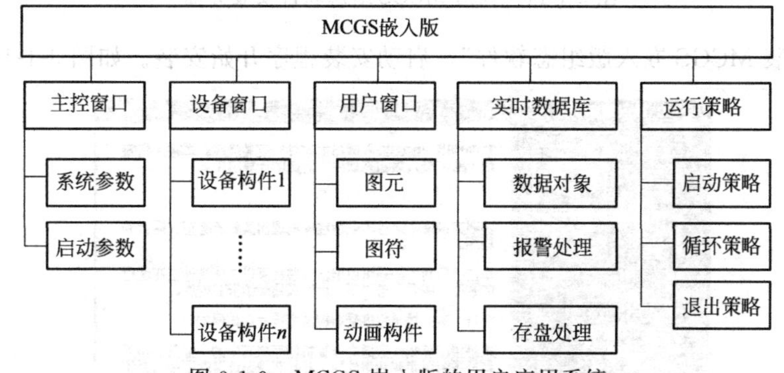

图 3-1-9　MCGS 嵌入版的用户应用系统

3. TPC7062KS 人机界面的硬件连接

TPC7062KS 人机界面的电源进线、各种通信接口均在其背面进行，见图 3-1-10。其中 USB1 口用来连接鼠标和 U 盘等，USB2 口用作工程项目下载，COM（RS232）用来连接 PLC。

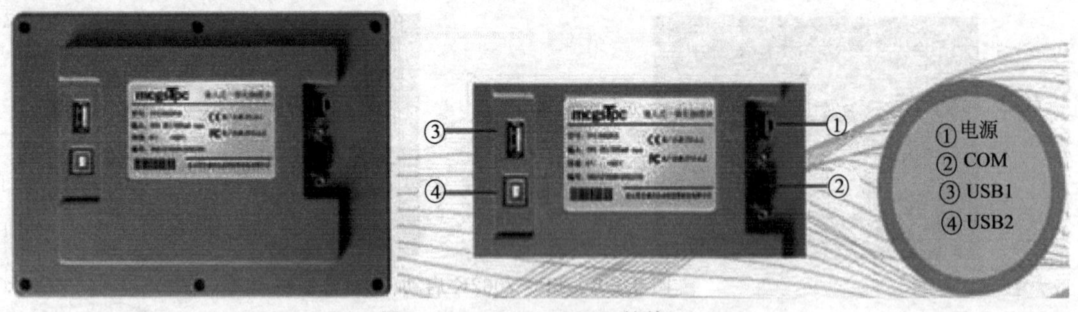

图 3-1-10　TPC7062KS 的接口

(1) TPC7062KS 触摸屏与个人计算机的连接

TPC7062KS 触摸屏是通过 USB2 口与个人计算机连接的，连接以前，计算机应先安装 MCGS 组态软件。

MCGS 嵌入版只有一张安装光盘，具体安装步骤如下：

启动 Windows；

在相应的驱动器中插入光盘；

插入光盘后会自动弹出 MCGS 组态软件安装界面（如没有窗口弹出，则从 Windows 的“开始”菜单中，选择“运行”命令，运行光盘中的 Autorun. exe 文件），如图 3-1-11 所示。

图 3-1-11　弹出 MCGS 组态软件安装界面

选择“安装 MCGS 嵌入版组态软件”，启动安装程序开始安装。如图 3-1-12 所示。

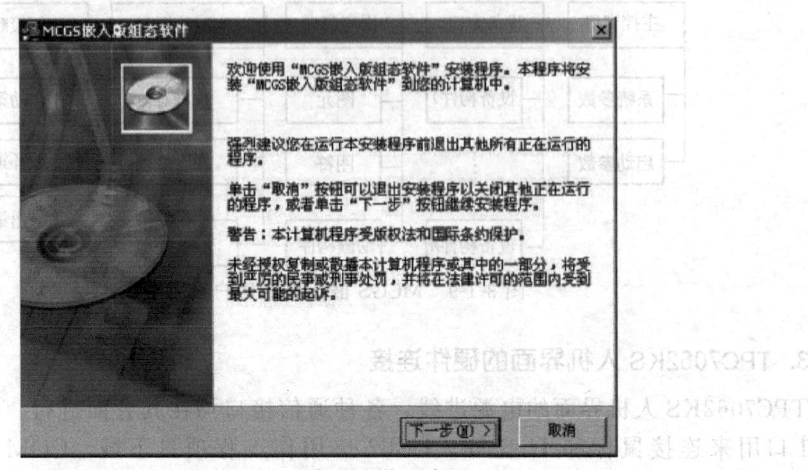

图 3-1-12　启动安装程序

单击“下一个”，安装程序将提示指定安装的目录，如果用户没有指定，系统缺省安装到 D：\ MCGSE 目录下，建议使用缺省安装目录，如图 3-1-13 所示。

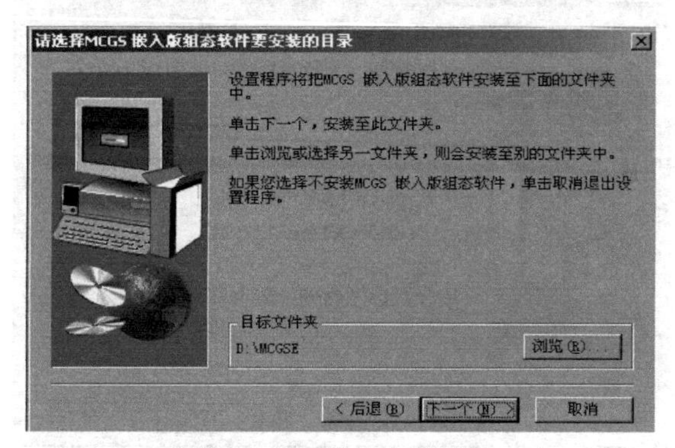

图 3-1-13　选择安装目录

安装结束后，继续选择安装驱动，选择“是”。如图 3-1-14 所示。

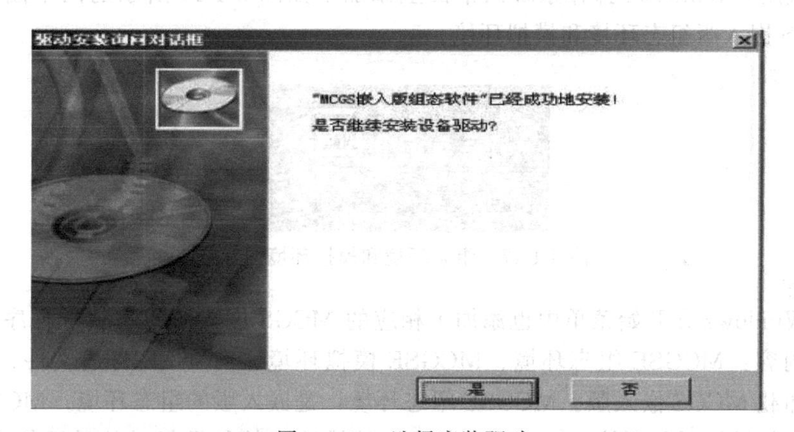

图 3-1-14　选择安装驱动

进入驱动安装程序，选择安装所有驱动。如图 3-1-15 所示。

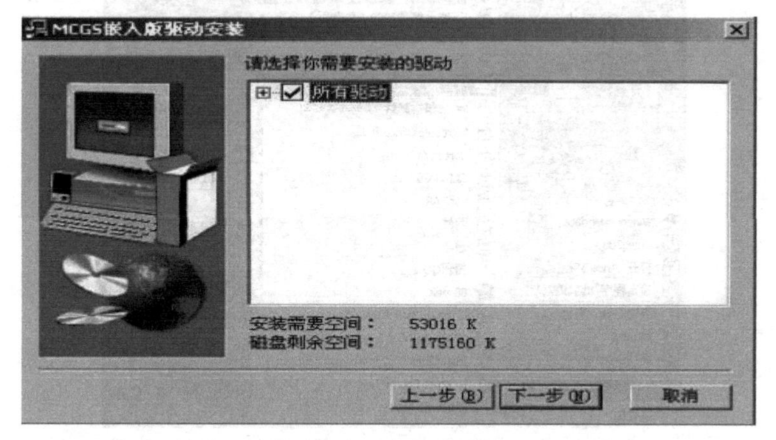

图 3-1-15　安装所有驱动

点击下一步进行安装，安装过程完成后，系统将弹出“安装完成”对话框，上面有两种选择，重新启动计算机和稍后重新启动计算机，建议重新启动计算机后再运行组态软件。按下“结束”按钮，将结束安装，如图 3-1-16 所示。

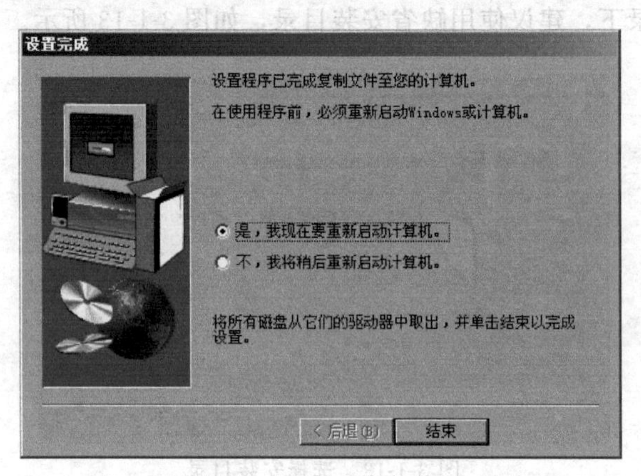

图 3-1-16　安装完成

安装完成后，Windows 操作系统的桌面上添加了如图 3-1-17 所示的两个图标，分别用于启动 MCGS 嵌入版组态环境和模拟环境。

图 3-1-17　组态环境和模拟环境图标

同时，Windows 在开始菜单中也添加了相应的 MCGS 嵌入版组态软件程序组，此程序组包括五项内容：MCGSE 组态环境、MCGSE 模拟环境、MCGSE 自述文件、MCGSE 电子文档以及卸载 MCGS 嵌入版。MCGSE 组态环境，是嵌入版的组态环境；MCGSE 模拟环境，是嵌入版的模拟运行环境；MCGSE 自述文件描述了软件发行时的最后信息；MCGSE 电子文档则包含了有关 MCGS 嵌入版最新的帮助信息。如图 3-1-18 所示。

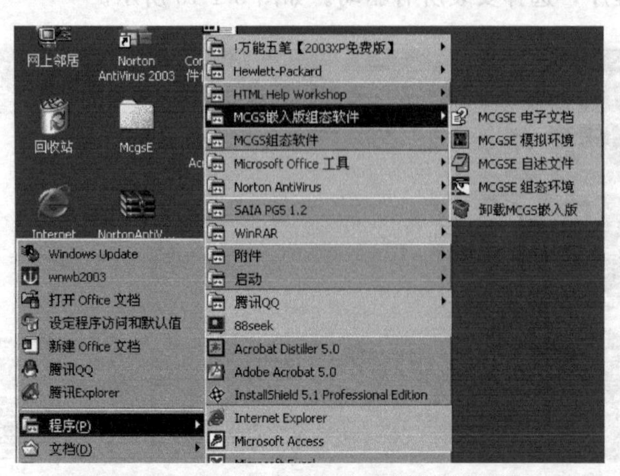

图 3-1-18　开始菜单中组态和模拟运行图标

在系统安装完成以后，在用户指定的目录下（或者是默认目录 D：\ MCGSE），存在三个子文件夹：Program、Samples、Work。Program 子文件夹中，可以看到以下两个应用程序 McgsSetE. exe、CEEMU. exe 以及 MCGSCE. X86、MCGSCE. ARMV4。McgsSetE. exe 是运行嵌入版组态环境的应用程序；CEEMU. exe 是运行模拟运行环境的应用程序；MCGSCE. X86 和 MCGSCE. ARMV4 是嵌入版运行环境的执行程序，分别对应 X86 类型的 CPU 和 ARM 类型的 CPU，通过组态环境中的下载对话框的高级功能下载到下位机中运行，是下位机中实际运行环境的应用程序。样例工程在 Samples 中，用户自己组态的工程将缺省保存在 Work 中。

(2) TPC7062KS 触摸屏与 FX2NC PLC 的连接

触摸屏通过 COM 口直接与 PLC 的编程口连接，所用的通信电缆采用 RS422 电缆 (RS485-4W)，触摸屏下载线及通信线见图 3-1-19，RS422 通信电缆接线图如图 3-1-20 所示。

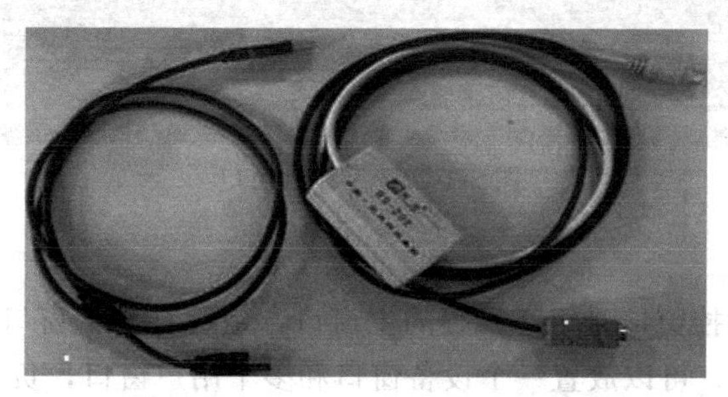

图 3-1-19　TPC7062KS 触摸屏下载线及通信线

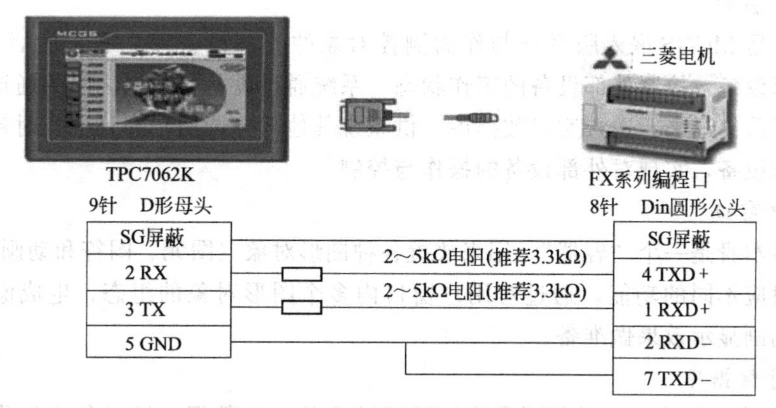

图 3-1-20　RS422 通信电缆接线图

为了实现正常通信，除了正确进行硬件连接，还需要对触摸屏的串行口 0 属性进行设置，这将在设备窗口组态中实现，设置方法将在后面的工作任务中详细说明。

4. 触摸屏设备组态

为了通过触摸屏设备操作机器或系统，必须给触摸屏设备组态用户界面，该过程称为“组态阶段”。系统组态就是通过 PLC 以“变量”方式进行操作单元与机械设备或过程之间的通信。变量值写入 PLC 上的存储区域（地址），由操作单元从该区域读取。

运行 MCGS 嵌入版组态环境软件，在出现的界面上，点击菜单中“文件”→“新建工程”，弹出“工作台”窗口，如图 3-1-21 所示界面。MCGS 嵌入版用“工作台”窗口来管理构成用户应用系统的五个部分，工作台上的五个标签：主控窗口、设备窗口、用户窗口、实时数据库和运行策略，对应于五个不同的窗口页面，每一个页面负责管理用户应用系统的一个部分，用鼠标单击不同的标签可选取不同窗口页面，对应用系统的相应部分进行组态操作。

图 3-1-21 工作台窗口

（1）主控窗口

MCGS 嵌入版的主控窗口是组态工程的主窗口，是所有设备窗口和用户窗口的父窗口，它相当于一个大的容器，可以放置一个设备窗口和多个用户窗口，负责这些窗口的管理和调度，并调度用户策略的运行。同时，主控窗口又是组态工程结构的主框架，可在主控窗口内设置系统运行流程及特征参数，方便用户的操作。

（2）设备窗口

设备窗口是 MCGS 嵌入版系统与作为测控对象的外部设备建立联系的后台作业环境，负责驱动外部设备，控制外部设备的工作状态。系统通过设备与数据之间的通道，把外部设备的运行数据采集进来，送入实时数据库，供系统其他部分调用，并且把实时数据库中的数据输出到外部设备，实现对外部设备的操作与控制。

（3）用户窗口

用户窗口本身是一个“容器”，用来放置各种图形对象（图元、图符和动画构件），不同的图形对象对应不同的功能。通过对用户窗口内多个图形对象的组态，生成漂亮的图形界面，为实现动画显示效果做准备。

（4）实时数据库

在 MCGS 嵌入版中，用数据对象来描述系统中的实时数据，用对象变量代替传统意义上的值变量，把数据库技术管理的所有数据对象的集合称为实时数据库。

实时数据库是 MCGS 嵌入版系统的核心，是应用系统的数据处理中心。系统各个部分均以实时数据库为公用区交换数据，实现各个部分协调动作。

设备窗口通过设备构件驱动外部设备，将采集的数据送入实时数据库；由用户窗口组成的图形对象，与实时数据库中的数据对象建立连接关系，以动画形式实现数据的可视化；运行策略通过策略构件，对数据进行操作和处理。如图 3-1-22 所示。

（5）运行策略

对于复杂的工程，监控系统必须设计成多分支、多层循环嵌套式结构，按照预定的条件，对系统的运行流程及设备的运行状态进行有针对性选择和精确控制。为此，MCGS 嵌入版引入运行策略的概念，用以解决上述问题。

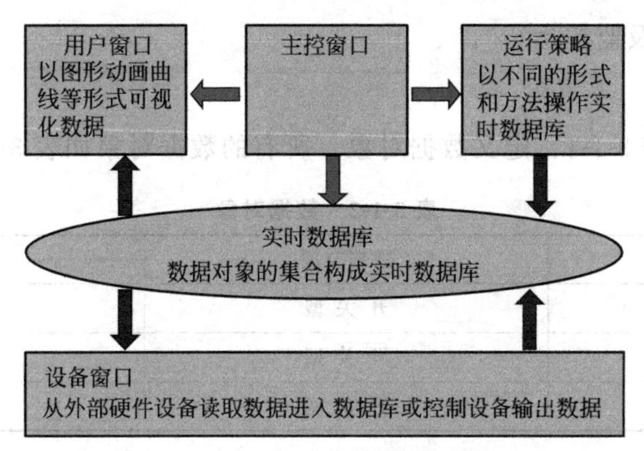

图 3-1-22　实时数据库数据流图

所谓“运行策略”，是用户为实现对系统运行流程自由控制所组态生成的一系列功能块的总称。MCGS 嵌入版为用户提供了进行策略组态的专用窗口和工具箱。运行策略的建立，使系统能够按照设定的顺序和条件，操作实时数据库，控制用户窗口的打开、关闭以及设备构件的工作状态，从而实现对系统工作过程精确控制及有序调度管理的目的。

三、实例：制作控制电动机的启动、停止及监控运行的触摸屏画面

控制电动机的启动、停止及监控运行的触摸屏画面，如图 3-1-23 所示。

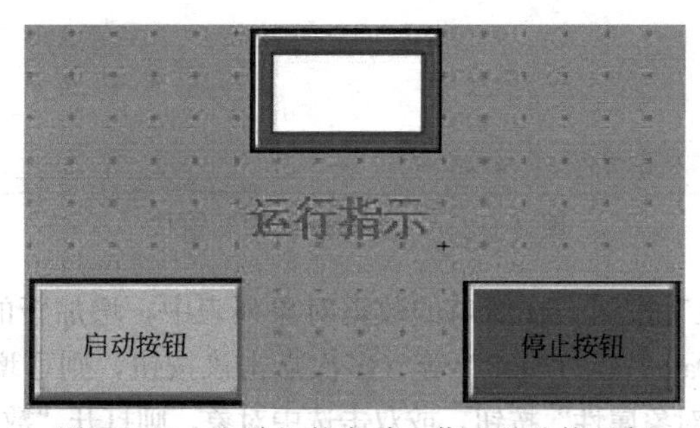

图 3-1-23　电动机的启动、停止及监控运行

画面中包含了如下方面的内容：

- 状态指示：运行指示灯；
- 按钮：启动、停止；
- 文本框：启动按钮、停止按钮和运行指示灯等文字。

表 3-1-1 列出了触摸屏组态画面各元件对应 PLC 地址。

表 3-1-1　触摸屏组态画面各元件对应 PLC 地址

元件类别	名称	地址	备注
位状态开关	启动按钮	M0000	
	停止按钮	M0001	
位状态指示灯	运行指示	Y0000	

接下来给出人机界面的组态步骤和方法。

1. 创建工程

TPC 类型中如果找不到“TPC7062KS”的话，则请选择“TPC7062K”，工程名称为

“电动机的启动、停止及监控运行”。

2. 定义数据对象

根据前面给出的表 3-1-1，定义数据对象，所有的数据对象如表 3-1-2 列出。

表 3-1-2 数据对象

数据名称	数据类型	注释
启动按钮	开关型	
停止按钮	开关型	
运行指示灯	开关型	

下面以数据对象“运行指示灯”为例，介绍定义数据对象的步骤。

（1）单击工作台中的“实时数据库”窗口标签，进入实时数据库窗口页，如图 3-1-24 所示。

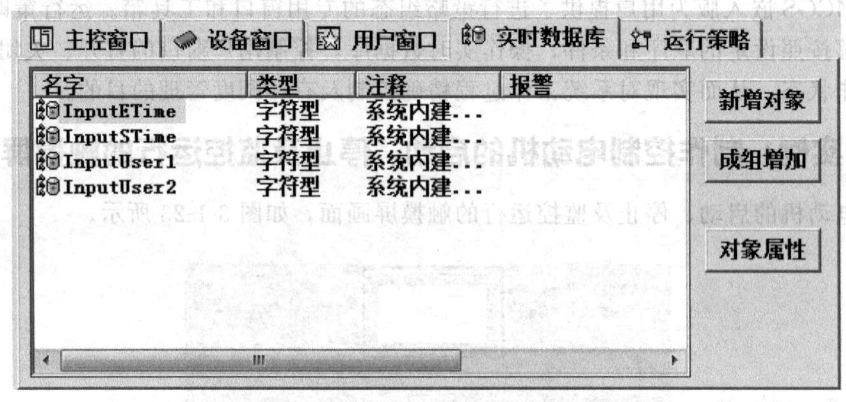

图 3-1-24 “实时数据库”窗口

（2）单击“新增对象”按钮，在窗口的数据对象列表中，增加新的数据对象，系统缺省定义的名称为“Data1”、“Data2”、“Data3”等（多次点击该按钮，则可增加多个数据对象）。

（3）选中对象，按“对象属性”按钮，或双击选中对象，则打开“数据对象属性设置”窗口。

（4）将对象名称改为：运行指示灯；对象类型选择：开关型；单击“确认”。如图 3-1-25 所示。

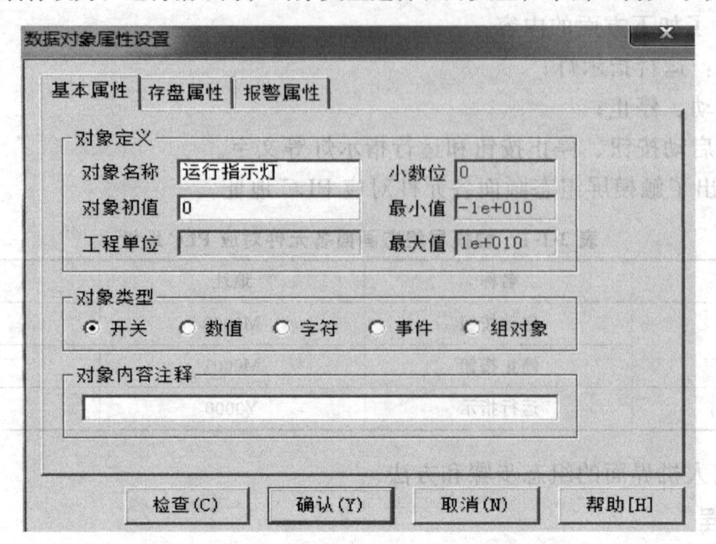

图 3-1-25 数据对象属性设置窗口

3. 设备连接

为了能够使触摸屏和 PLC 通信连接上，须把定义好的数据对象和 PLC 内部变量进行连接，具体操作步骤如下：

（1）在“设备窗口”中双击“设备窗口”图标进入。

（2）点击工具条中的“工具箱” 图标，打开“设备工具箱”。

（3）在可选设备列表中，双击“通用串口父设备”，然后双击“三菱 _ FX 系列编程口”在下面出现“通用串口父设备”、“三菱 _ FX 系列编程口”，见图 3-1-26。

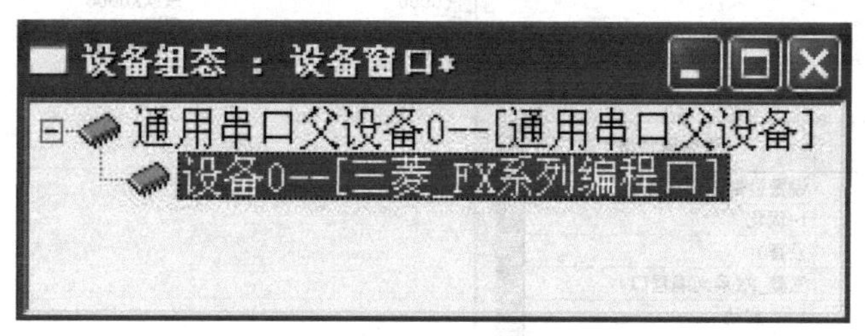

图 3-1-26 三菱 _ FX 系列编程口

（4）双击“通用串口父设备”，进入通用串口父设备的基本属性设置，见图 3-1-27。作如下设置：

① 串口端口号（1～255）设置为：0-COM1；

② 通讯波特率设置为：6-9600；

③ 数据位位数设置为：0-7；

④ 停止位位数设置为：0-1；

⑤ 数据校验方式设置为：2-偶校验；

⑥ 其他设置为默认。

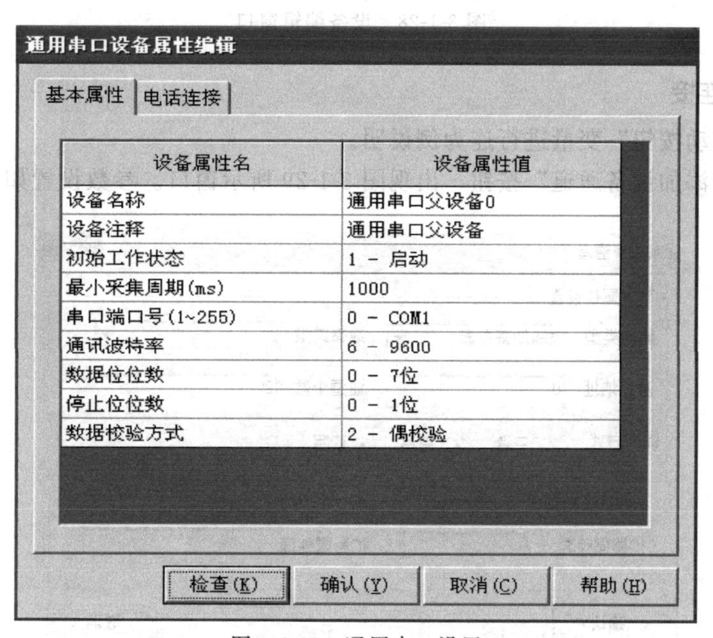

设备属性名	设备属性值
设备名称	通用串口父设备0
设备注释	通用串口父设备
初始工作状态	1 - 启动
最小采集周期(ms)	1000
串口端口号(1~255)	0 - COM1
通讯波特率	6 - 9600
数据位位数	0 - 7位
停止位位数	0 - 1位
数据校验方式	2 - 偶校验

图 3-1-27 通用串口设置

(5) 双击“三菱_FX系列编程口”，进入设备编辑窗口，如图3-1-28。左边窗口下方CPU类型选择2-FX3uCPU。默认右窗口自动生产通道名称X0000—X0007，可以单击“删除全部通道”按钮给以删除。

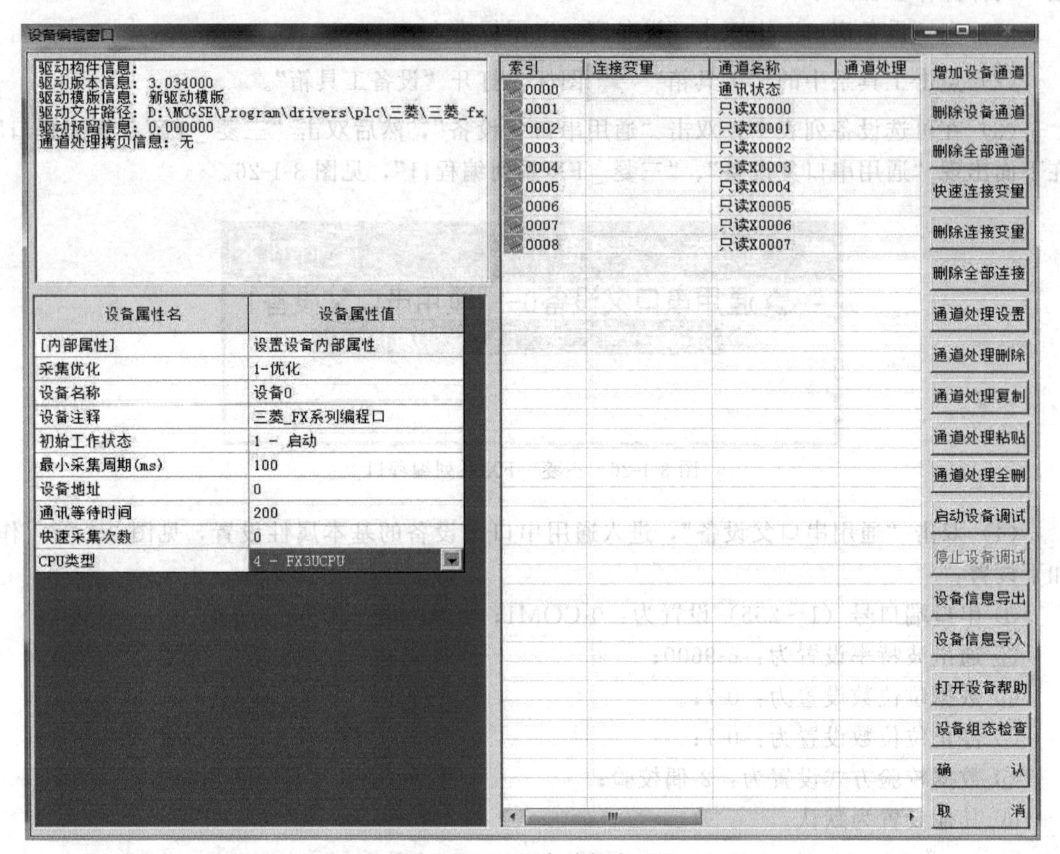

图 3-1-28 设备编辑窗口

4. 变量的连接

这里以“启动按钮”变量进行连为例说明。

(1) 单击“添加设备通道”按钮，出现图3-1-29所示窗口。参数设置如下：

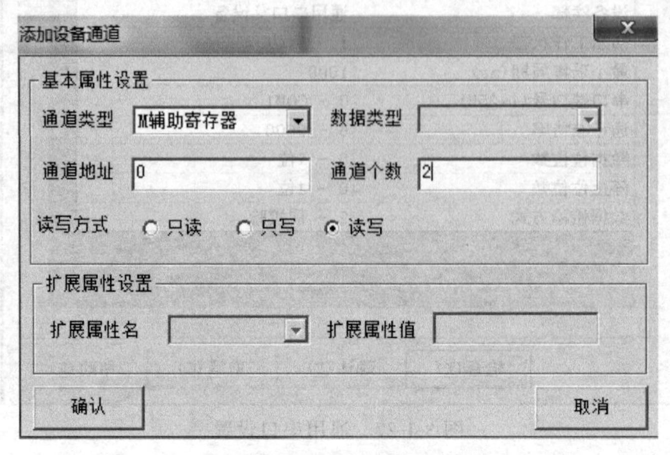

图 3-1-29 添加设备通道

① 通道类型：M 输入寄存器；

② 通道地址：0；

③ 通道个数：2；

④ 读写方式：读写。

(2) 单击“确认”按钮，完成基本属性设置。

(3) 双击“读写 M0000”通道对应的连接变量，从数据中心选择变量：“启动按钮”。用同样的方法，增加其他通道，连接变量，如图 3-1-30 所示，完成单击“确认”按钮。

索引	连接变量	通道名称	通道处理
0000		通讯状态	
0001	运行指示	读写Y0000	
0002	启动按钮	读写M0000	
0003	停止按钮	读写M0001	

图 3-1-30　连接其他变量

5. 画面和元件的制作

(1) 新建画面以及属性设置

① 在“用户窗口”中单击“新建窗口”按钮，建立“窗口 0”。选中“窗口 0”，单击“窗口属性”，进入用户窗口属性设置。

② 将窗口名称改为：电动机的启动、停止及监控运行。

(2) 制作状态指示灯

以“运行指示”指示灯为例说明：

① 单击绘图工具箱中的　（插入元件）图标，弹出对象元件管理对话框，选择指示灯 6，按“确认”按钮。双击指示灯，弹出的对话框如图 3-1-31 所示。

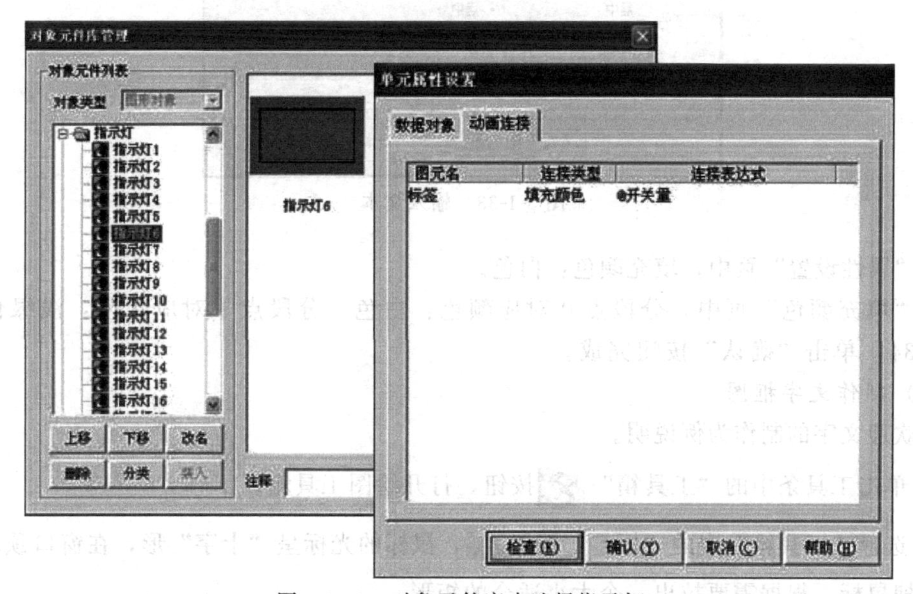

图 3-1-31　对象元件库中选择指示灯

② 数据对象中，单击右角的“?”按钮，从数据中心选择“运行指示”变量。

③ 动画连接中，单击“运行指示”，右边出现，“>”按钮，见图 3-1-32。

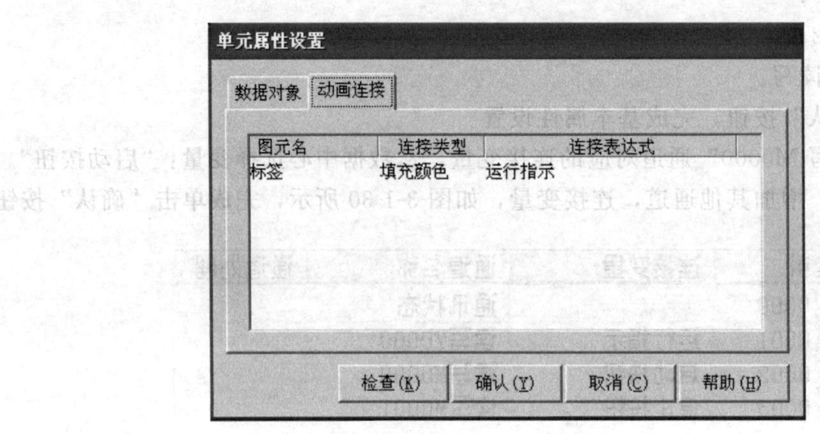

图 3-1-32 运行指示

④ 单击“>”按钮，出现如图 3-1-33 所示为对话框。

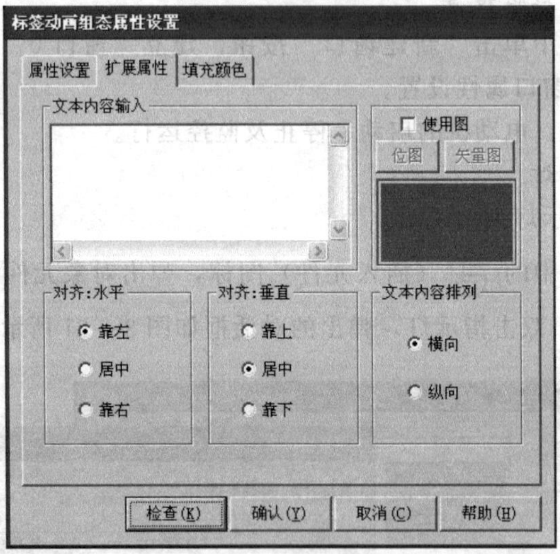

图 3-1-33 输入文本

⑤“属性设置”页中，填充颜色：白色。

⑥“填充颜色”页中，分段点 0 对应颜色：白色；分段点 1 对应颜色：浅绿色。见图 3-1-34，单击“确认”按钮完成。

(3) 制作文字框图

以欢迎文字的制作为例说明。

① 单击工具条中的“工具箱”按钮，打开绘图工具箱。

② 选择“工具箱”内的“标签”按钮，鼠标的光标呈“十字”形，在窗口顶端中心位置拖拽鼠标，根据需要拉出一个大小适合的矩形。

③ 在光标闪烁位置输入文字“运行指示”，按回车键或在窗口任意位置用鼠标点击一下，文字输入完毕。

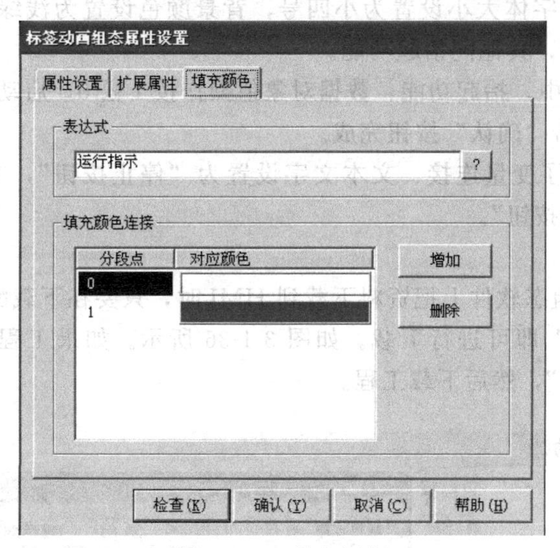

图 3-1-34　填充颜色

④ 选中文字框，作如下设置：

■ 点击工具条上的（填充色）按钮，设定文字框的背景颜色为：没有填充；

■ 点击工具条上的（线色）按钮，设置文字框的边线颜色为：没有边线；

■ 点击工具条上的（字符字体）按钮，设置文字字体为：华文细黑；字型为：粗体；大小为：二号；

■ 点击工具条上的（字符颜色）按钮，将文字颜色设为：艳粉色。

（4）制作按钮

以启动按钮为例，给以说明。

① 单击绘图工具箱中“　”图标，在窗口中拖出一个大小合适的按钮，双击按钮，出现如下图窗口，属性设置如图 3-1-35 所示。

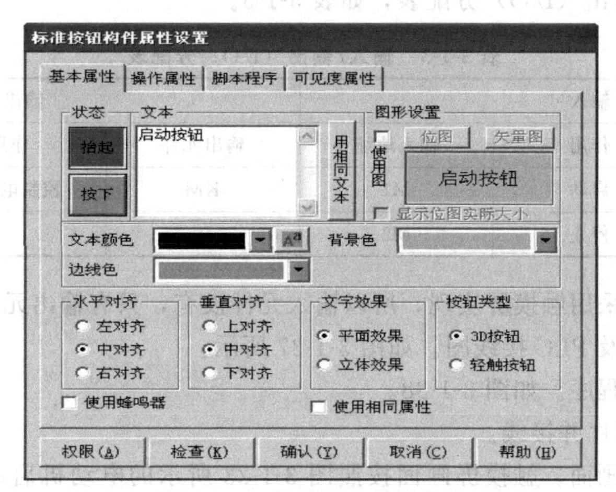

图 3-1-35　按钮基本属性设置

②“基本属性”页中，无论是抬起还是按下状态，文本都设置为启动按钮；“抬起功能”

属性为字体设置宋体，字体大小设置为小四号，背景颜色设置为浅绿色；“按下功能”为：字体大小设置为小五号，其他同抬起功能。

③“操作属性”页中，抬起功能：数据对象值操作按1松0，启动按钮。

④ 其他默认。单击“确认”按钮完成。

⑤“停止按钮”除了变量连接、文本文字设置为“停止按钮”，文本颜色为红色的外，其他属性设置同“启动按钮”。

(5) 工程的下载

当需要在MCGS组态软件上把资料下载到HMI时，只要在下载配置里，选择“连接运行”，单击“工程下载”即可进行下载。如图3-1-36所示。如果工程项目要在电脑模拟测试，则选择“模拟运行”，然后下载工程。

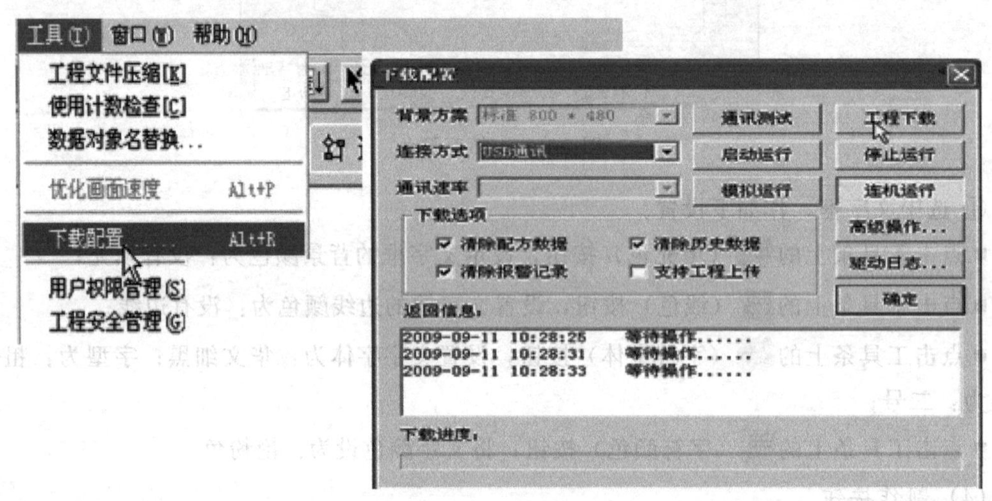

图3-1-36 工程下载方法

任务实施

(1) 列出输入/输出(I/O)分配表，如表3-1-3。

表3-1-3 输入/输出(I/O)分配表

输入			输出		
输入元件	作用	输入地址	输出元件	作用	输出地址
	启动	M1	KM	控制电动机	Y0
	停止	M2			

由于启动与停止采用触摸屏实现，所以输入元件没有，只有输出元件KM。

(2) 画出主电路及PLC接线图。如图3-1-37所示。

(3) 绘制梯形图程序。如图3-1-38。

(4) 输入PLC程序并接线。

(5) 设置触摸屏画面。触摸屏画面按照图3-1-23所示的电动机启动、停止及监控运行画面。

(6) 联机调试。

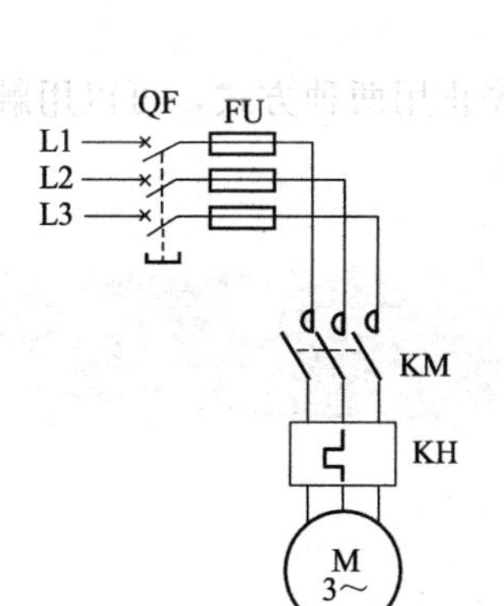

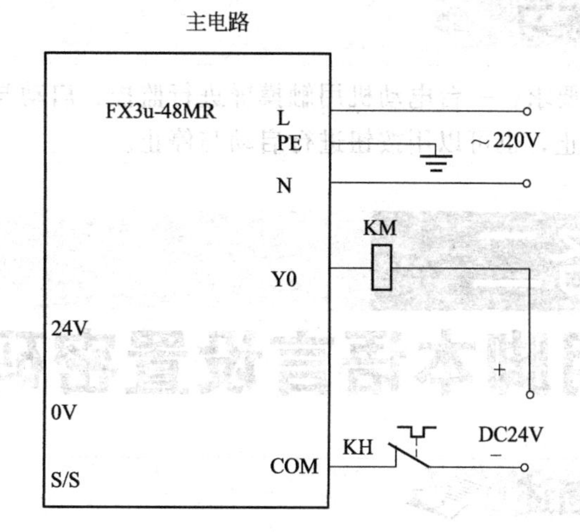

图 3-1-37　主电路及 PLC 接线图

图 3-1-38　梯形图程序

任务评价

项目内容	配分	评分标准	得分
元件选用及线路连接	15	(1)不能正确选用元件　扣 1 分 (2)导线连接不牢固，每处　扣 1 分 (3)不按接线图图接线　扣 2 分 (4)漏接接地线　扣 10 分	
梯形图输入	25	(1)梯形图输入每错一处　扣 5 分 (2)保存文件错误　扣 10 分	
触摸屏设置	25	(1)触摸屏画面，每错一处　扣 5 分 (2)触摸屏设置，每错一处　扣 10 分	
通电调试	35	(1)不能启动　扣 10 分 (2)不能停止　扣 10 分 (3)电动机运行时不能监控　扣 5 分 (4)违反安全、文明生产　扣 10 分	
定额时间	45min	每超时 5min 扣 2 分 提前正确完成，每提前 5min 加 2 分	
备注	除定额时间外，各项内容的最高扣分，不得超过配分数	成绩	
开始时间		结束时间	实际时间

拓展练习

控制要求：一台电动机用触摸屏进行监控，启动与停止用两种方式，可以用触摸屏进行启动与停止，也可以用按钮进行启动与停止。

任务二

利用脚本语言设置密码

任务描述

利用触摸屏设置密码，密码：123。密码正确后进入工作界面，按下启动按钮三台电动机间隔一定时间循环转动，按下停止按钮，电动机停转。利用触摸屏设置间隔时间及循环次数。

任务分析

本任务有三个窗口，密码窗口，间隔时间及循环次数设置窗口，启停及监视窗口。利用脚本语言编写密码，利用窗口的翻页功能进行后两个窗口的切换。通过本任务的学习，可以掌握脚本语言编程、数值的设置及窗口的切换。

知识准备

一、脚本程序

1. 脚本程序简介

脚本程序是组态软件中的一种内置编程语言引擎。当某些控制和计算任务通过常规组态方法难以实现时，通过使用脚本语言，能够增强整个系统的灵活性，解决其常规组态方法难以解决的问题。

MCGS 嵌入版脚本程序为有效地编制各种特定的流程控制程序和操作处理程序提供了方便的途径。它被封装在一个功能构件里（称为脚本程序功能构件），在后台由独立的程序来运行和处理，能够避免由于单个脚本程序的错误而导致整个系统的瘫痪。

在 MCGS 嵌入版中，脚本语言是一种语法上类似 Basic 的编程语言。可以应用在运行策略中，把整个脚本程序作为一个策略功能块执行，也可以在动画界面的事件中执行。MCGS 嵌入版引入的事件驱动机制，与 VB 或 VC 中的事件驱动机制类似，比如：对用户窗口，有装载、卸载事件；对窗口中的控件，有鼠标单击事件、键盘按键事件等。这些事件发生时，就会触发一个脚本程序，执行脚本程序中的操作。

2. 脚本程序编辑环境

脚本程序编辑环境是用户书写脚本语句的地方。脚本程序编辑环境主要由脚本程序编辑框、编辑功能按钮、MCGS 嵌入版操作对象列表和函数列表、脚本语句和表达式 4 个部分构成，如图 3-2-1 所示，分别说明如下：

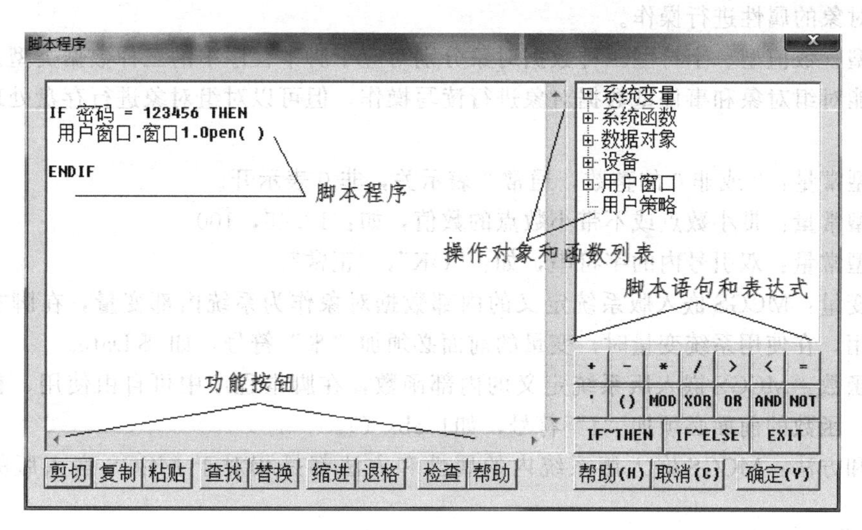

图 3-2-1　脚本程序编辑环境

脚本程序编辑框用于书写脚本程序和脚本注释，用户必须遵照 MCGS 嵌入版规定的语法结构和书写规范书写脚本程序，否则语法检查不能通过。

编辑功能按钮提供了文本编辑的基本操作，用户使用这些操作可以方便操作和提高编辑速度。比如，在脚本程序编辑框中选定一个函数，然后按下帮助按钮，MCGS 嵌入版将自动打开关于这个函数的在线帮助，或者，如果函数拼写错误，MCGS 嵌入版将列出与所提供的名字最接近函数的在线帮助。

脚本语句和表达式列出了 MCGS 嵌入版使用的三种语句的书写形式和 MCGS 嵌入版允许的表达式类型。用鼠标单击要选用的语句和表达式符号按钮，在脚本编辑处光标所在的位置填上语句或表达式的标准格式。比如，用鼠标单击 if～then 按钮，则 MCGS 嵌入版自动提供一个 if... then... 结构，并把输入光标停到合适的位置上。

MCGS 嵌入版对象和函数列表以树结构的形式，列出了工程中所有的窗口、策略、设备、变量、系统支持的各种方法、属性以及各种函数，以供用户快速的查找和使用。比如，可以在用户窗口树中，选定一个窗口："窗口 0"，打开窗口 0 下的"方法"，双击 Open 函数，则 MCGS 嵌入版自动在脚本程序编辑框中添加一行语句：用户窗口. 窗口 0. Open ()，通过这行语句，就可以完成窗口打开的工作。

3. 脚本程序语言要素

在 MCGS 嵌入版中，脚本程序使用的语言非常类似普通的 Basic 语言，本节将对脚本程序的语言要素进行详细的说明。

(1) 数据类型

MCGS 嵌入版脚本语言使用的数据类型只有三种：

开关型：表示开或者关的数据类型，通常 0 表示关，非 0 表示开。也可以作为整数使用。

数值型：值在 3.4E±38 范围内。

字符型：最多 512 个字符组成的字符串。

(2) 变量、常量及系统函数

变量：脚本程序中，用户不能定义子程序和子函数，其中数据对象可以看作是脚本程序中的全局变量，所有的程序段都可共用。可以用数据对象的名称来读写数据对象的值，也可以对数据对象的属性进行操作。

开关型、数值型、字符型三种数据对象分别对应于脚本程序中的三种数据类型。在脚本程序中不能对组对象和事件型数据对象进行读写操作，但可以对组对象进行存盘处理。

常量：

开关型常量：0 或非 0 的整数，通常 0 表示关，非 0 表示开。

数值型常量：带小数点或不带小数点的数值，如：12.45，100。

字符型常量：双引号内的字符串，如："OK"，"正常"。

系统变量：MCGS 嵌入版系统定义的内部数据对象作为系统内部变量，在脚本程序中可自由使用，在使用系统变量时，变量的前面必须加"$"符号，如 $Date。

系统函数：MCGS 嵌入版系统定义的内部函数，在脚本程序中可自由使用，在使用系统函数时，函数的前面必须加"!"符号，如！abs()。

属性和方法：MCGS 嵌入版系统内的属性和方法都是相对于 MCGS 嵌入版的对象而言的。

4. MCGS 嵌入版对象

MCGS 嵌入版的对象形成一个对象树，MCGS 嵌入版对象的属性就是系统变量，MCGS 嵌入版对象的方法就是系统函数。MCGS 嵌入版对象下面有"用户窗口"对象、"设备"对象、"数据对象"等子对象。"用户窗口"以各个用户窗口作为子对象，每个用户窗口对象以这个窗口里的构件作为子对象。

使用对象的方法和属性，必须要引用对象，然后使用点操作来调用这个对象的方法或属性。为了引用一个对象，需要从对象根部开始引用，这里的对象根部，是指可以公开使用的对象。MCGS 嵌入版对象，用户窗口、设备和数据对象都是公开对象，因此，语句 InputETime = $Time 是正确的，而语句 InputETime = MCGS.$Time 也是正确的，同样，调用函数！Beep() 时，也可以采用 MCGS.！Beep() 的形式。可以写：窗口 0.Open()；也可以写：MCGS.用户窗口.窗口 0.Open()；还可以写：用户窗口.窗口 0.Open()。但是，如果要使用控件，就不能只写：控件 0.Left，而必须写：窗口 0.控件 0.Left，或：用户窗口.窗口 0.控件 0.Left。在对象列表框中，双击需要的方法和属性，MCGS 将自动生成最小可能的表达式。

5. 事件

在 MCGS 嵌入版的动画界面组态中，可以组态处理动画事件。动画事件是在某个对象上发生的，它可能是带参数也可能是不带参数的动作驱动源。如：用户窗口上可以发生事件：Load，Unload，它们分别在用户窗口打开和关闭时触发。可以对这两个事件编写一段脚本程序，当某一事件触发时（用户窗口打开或关闭时）其相应脚本程序被执行。

用户窗口的 Load 和 Unload 事件没有参数，而 MouseMove 事件有参数，在组态这个事件时，可以在参数组态中，选择把 MouseMove 事件的几个参数连接到数据对象上，这样，当 MouseMove 事件被触发时，就会把 MouseMove 的参数，包括鼠标位置、按键信息等送到连接的数据对象，然后，在事件连接的脚本程序中，就可以对这些数据对象进行处理。

6. 表达式

由数据对象（包括设计者在实时数据库中定义的数据对象、系统内部数据对象和系统函数）、括号和各种运算符组成的运算式称为表达式，表达式的计算结果称为表达式的值。

当表达式中包含有逻辑运算符或比较运算符时，表达式的值只可能为 0（条件不成立，假）或非0（条件成立，真），这类表达式称为逻辑表达式；当表达式中只包含算术运算符，表达式的运算结果为具体的数值时，这类表达式称为算术表达式；常量或数据对象是狭义的表达式，这些单个量的值即为表达式的值。表达式值的类型即为表达式的类型，必须是开关型、数值型、字符型三种类型中的一种。

表达式是构成脚本程序的最基本元素，在MCGS嵌入版的组态过程中，也常常需要通过表达式来建立实时数据库对象与其他对象的连接关系，正确输入和构造表达式是MCGS嵌入版的一项重要工作。

7. 运算符

算术运算符：

∧　乘方

*　乘法

/　除法

\　整除

+　加法

—　减法

Mod　取模运算

逻辑运算符：

AND　逻辑与

NOT　逻辑非

OR　逻辑或

XOR　逻辑异或

比较运算符：

>　大于

>=　大于或等于

=　等于（注意，字符串比较需要使用字符串函数！StrCmp，不能直接使用等于运算符）

<=　小于或等于

<　小于

<>　不等于

8. 运算符优先级

按照优先级从高到低的顺序，各个运算符排列如下：

()

∧

*，/，\，Mod

+，—

<，>，<=，>=，=，<>

NOT

AND，OR，XOR

二、脚本程序基本语句

由于MCGS嵌入版脚本程序是为了实现某些多分支流程的控制及操作处理，因此包括了几种最简单的语句：赋值语句、条件语句、退出语句和注释语句，同时，为了提供一些高级的循环和便利功能，还提供了循环语句。所有的脚本程序都可由这五种语句组成，当需要在一个程序行中包含多条语句时，各条语句之间须用“:”分开，程序行也可以是没有任何语句的空行。大多数情况下，一个程序行只包含一条语句，赋值程序行中根据需要可在一行上放置多条语句。

1. 赋值语句

赋值语句的形式为：数据对象＝表达式。赋值号用“＝”表示，它的具体含义是：把“＝”右边表达式的运算值赋给左边的数据对象。赋值号左边必须是能够读写的数据对象，如：开关型数据、数值型数据以及能进行写操作的内部数据对象，而组对象、事件型数据对象、只读的内部数据对象、系统函数以及常量，均不能出现在赋值号的左边，因为不能对这些对象进行写操作。

赋值号的右边为一表达式，表达式的类型必须与左边数据对象值的类型相符合，否则系统会提示“赋值语句类型不匹配”的错误信息。

2. 条件语句

条件语句有如下三种形式：

```
If [表达式] Then [赋值语句或退出语句]
If [表达式] Then
  [语句]
EndIf
If [表达式] Then
  [语句]
Else
  [语句]
EndIf
```

条件语句中的四个关键字“If”、“Then”、“Else”、“Endif”不分大小写。如拼写不正确，检查程序会提示出错信息。

条件语句允许多级嵌套，即条件语句中可以包含新的条件语句，MCGS 脚本程序的条件语句最多可以有 8 级嵌套，为编制多分支流程的控制程序提供方便。

“IF”语句的表达式一般为逻辑表达式，也可以是值为数值型的表达式，当表达式的值为非 0 时，条件成立，执行“Then”后的语句，否则，条件不成立，将不执行该条件块中包含的语句，开始执行该条件块后面的语句。

值为字符型的表达式不能作为“IF”语句中的表达式。

3. 循环语句

循环语句为 While 和 EndWhile，其结构为：

```
While [条件表达式]
....
EndWhile
```

当条件表达式成立时（非零），循环执行 While 和 EndWhile 之间的语句。直到条件表达式不成立（为零）时，退出。

4. 退出语句

退出语句为“Exit”，用于中断脚本程序的运行，停止执行其后面的语句。一般在条件语句中使用退出语句，以便在某种条件下，停止并退出脚本程序的执行。

5. 注释语句

以单引号“’”开头的语句称为注释语句，注释语句在脚本程序中只起到注释说明的作用，实际运行时，系统不对注释语句作任何处理。

三、脚本程序的查错和运行

脚本程序编制完成后，系统首先对程序代码进行检查，以确认脚本程序的编写是否正确。检查过程中，如果发现脚本程序有错误，则会返回相应的信息，以提示可能的出错原因，帮助用户查找和排除错误。常见的提示信息有：

组态设置正确，没有错误

未知变量

未知表达式

未知的字符型变量

未知的操作符

未知函数

函数参数不足

括号不配对

IF 语句缺少 ENDIF

IF 语句缺少 THEN

ELSE 语句缺少对应的 IF 语句

ENDIF 缺少对应的 IF 语句

未知的语法错误

根据系统提供的错误信息，作出相应的改正，系统检查通过，就可以在运行环境中运行，达到简化组态过程、优化控制流程的目的。

四、实例

利用脚本程序实现密码编写。在窗口一中输入密码：123，点击确定，进入窗口二，在窗口二中点击上一页返回窗口一。触摸屏画面如图 3-2-2 所示。

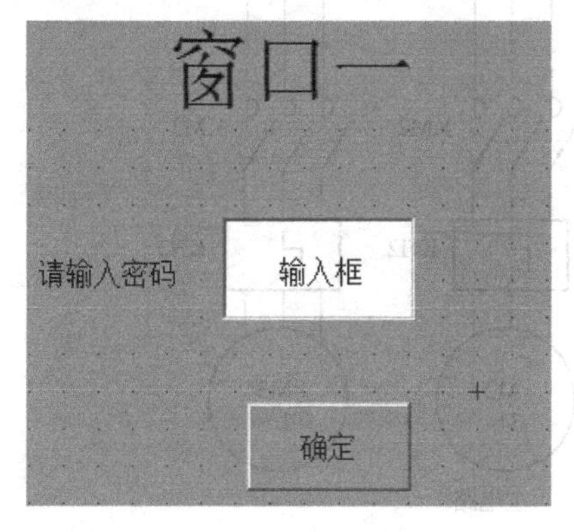

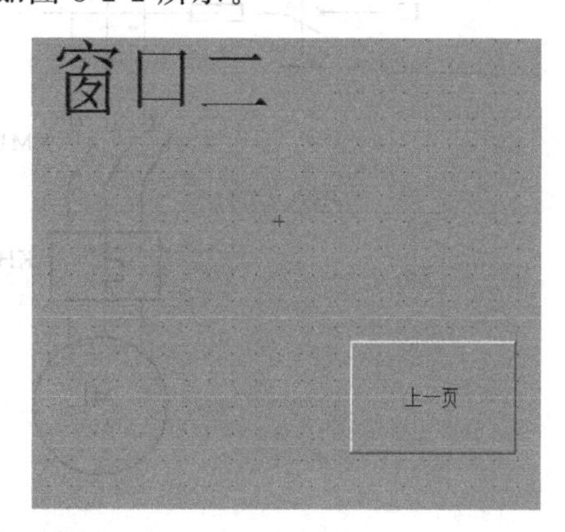

图 3-2-2　密码的编写画面

利用输入框输入密码，利用标准按钮制作“确定”按键和“上一页”按键。

1. 密码的编写

点击右键，选择属性。打开用户窗口属性设置。点击脚本程序编辑器编写脚本程序。

```
IF 密码 = 123  AND  确定 = 1
THEN
用户窗口 . 窗口 2. Open ()
ENDIF
```

“密码”选择数值型，“确定”选择开关型。

2. 换页的编写

选择标准按钮，双击后打开标准按钮构件属性设置。点击操作属性，在“打开用户窗口”中选择“窗口一”，点击确定即可。

任务实施

(1) 列出输入/输出（I/O）分配表。如表 3-2-1。

表 3-2-1 输入/输出（I/O）分配表

输入			输出		
输入元件	作用	输入地址	输出元件	作用	输出地址
	启动	M1	KM1	控制电动机 M1	Y1
	停止	M2	KM2	控制电动机 M2	Y2
			KM3	控制电动机 M3	Y3

由于启动与停止采用触摸屏实现，所以输入元件没有，只有输出元件 KM。

(2) 画出主电路及 PLC 接线图。如图 3-2-3 所示。

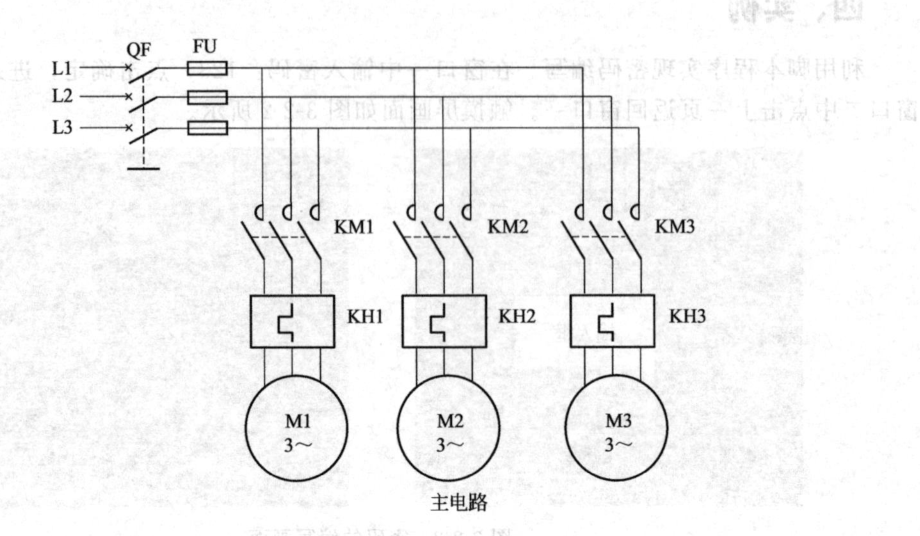

主电路

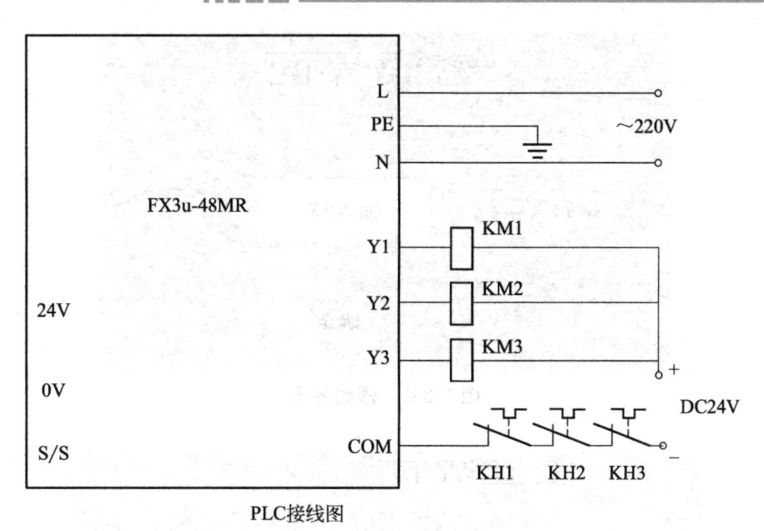

图 3-2-3　主电路及 PLC 接线图

（3）绘制梯形图程序。如图 3-2-4 所示。

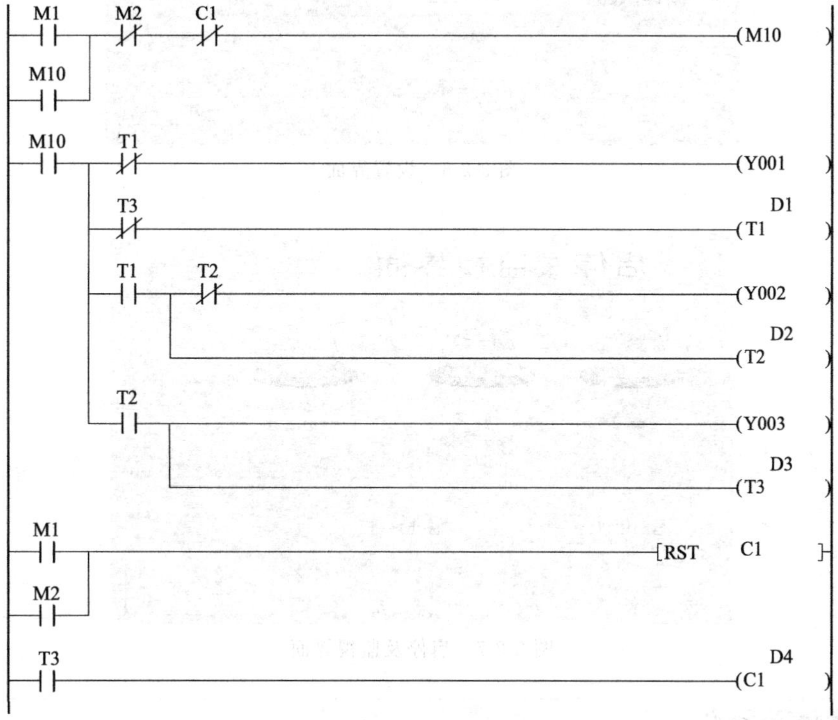

图 3-2-4　梯形图程序

（4）输入 PLC 程序并接线。

（5）设置触摸屏画面。

触摸屏有三个界面：密码界面、设置界面、启停及监视界面。触摸屏画面如图 3-2-5～图 3-2-7 所示。

在密码界面中输入密码：123，进入设置界面，设置好间隔时间及循环次数后进入启停机监视界面。按启动或停止按钮控制电动机的运行。三盏指示灯指示三台电动机的运行情况。

（6）联机调试。

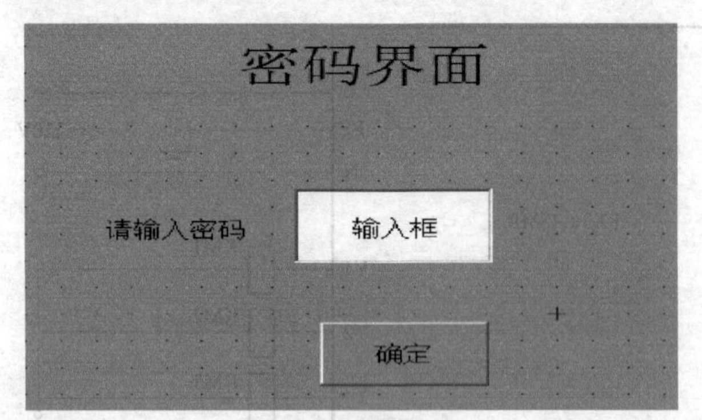

图 3-2-5 密码界面

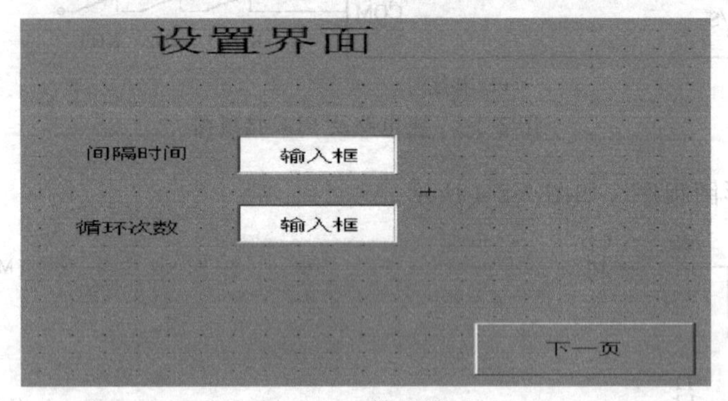

图 3-2-6 设置界面

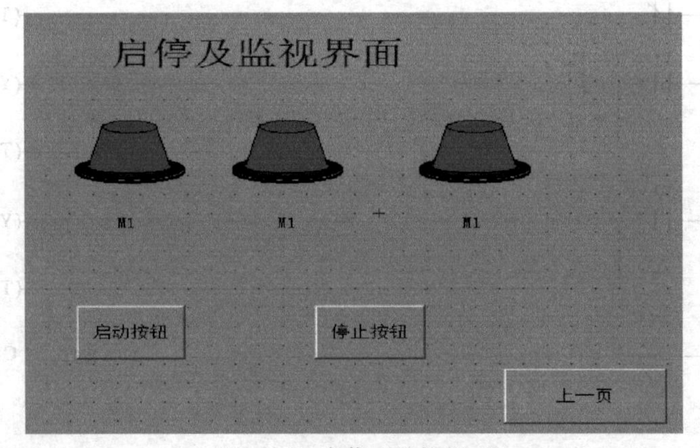

图 3-2-7 启停及监视界面

任务评价

项目内容	配分	评分标准	得分
元件选用及线路连接	15	(1)不能正确选用元件 扣1分 (2)导线连接不牢固,每处 扣1分 (3)不按接线图图接线 扣2分 (4)漏接接地线 扣10分	
梯形图输入	25	(1)梯形图输入每错一处 扣5分 (2)保存文件错误 扣10分	

续表

项目内容	配分	评分标准			得分
触摸屏设置	25	(1)触摸屏画面,每错一处 扣5分 (2)触摸屏设置,每错一处 扣10分			
通电调试	35	(1)不能启动 扣10分 (2)不能停止 扣10分 (3)电动机运行时不能监控 扣5分 (4)违反安全、文明生产 扣10分			
定额时间	45min	每超时5min扣2分 提前正确完成,每提前5min加2分			
备注	除定额时间外,各项内容的最高扣分,不得超过配分数			成绩	
开始时间		结束时间		实际时间	

拓展练习

利用脚本语言实现正反转控制中正转与反转的监控。

项目四 机电一体化设备的拆装及调试

知识目标

1. 了解气体传动技术及传感器的原理。
2. 理解掌握 SFC 编程方法。
3. 掌握一般制图知识。
4. 掌握机械安装及电气接线的工艺要求。
5. 掌握传送等功能指令的使用。

技能目标

1. 掌握气动元件及传感器的安装接线。
2. 掌握气动机械手的安装步骤及方法。
3. 掌握气动机械手的调试步骤及方法。

项目概述

该项目包含了机电一体化专业学习中所涉及的电机驱动、机械传动、气动、可编程控制器、传感器、变频调速等多项技术，为学生提供了一个典型的综合实训环境，使学生对过去学过的单科专业知识，得到全面的认识、综合的训练和实际运用。

任务一 气动机械手的安装与调试

任务描述

通过学习，可以掌握启动机械手的安装，通过气路及电路的连接，实现以下功能：当供料平台有工件并按下启动按钮时→悬臂伸出→手臂下降→手指合拢抓取工件→手臂上升→悬臂缩回→机械手向右转动→悬臂伸出→手臂下降→手指松开，工件掉在处理盘内→手臂上升→悬臂缩回→机械手左转回原位后停止。

任务分析

本任务的实现需要气动系统的安装与调试知识、电气控制电路的安装和 PLC 程序编写知识。通过本任务的学习，可以掌握气动机械手的安装与调试方法及要求，可以掌握 SFC 单序列编程的方法。

知识准备

一、制图知识

1. 制图图线的种类及其应用

在绘制机械装配图时，常用到不同类型的图线以表达不同的含义。较粗的连续的图线称为粗实线，用来表达可见轮廓线；连续的细图线称为细实线，常用作剖面线、尺寸线等；长短相间的细图线称为点画线，常用来表示中心线、轴线或对称中心线；断续的细图线称为细虚线，常用来表示不可见轮廓线。常用图线的线型及其应用如表 4-1-1。

表 4-1-1 常用图线的线型及其应用

名称	线型	线宽	应用
粗实线	————	d（优先采用 0.5mm 和 0.7mm）	可见轮廓线
细实线	————	$d/2$	尺寸线、尺寸界线、剖面线、重合断面的轮廓线
细点画线	—— - —— - —— -	$d/2$	轴线、对称中心线
细虚线	----------------	$d/2$	不可见轮廓线
波浪线	～～～～	$d/2$	断裂处边界线；视图和剖视图分界线

2. 制图常用绘图工具

(1) 铅笔

铅笔用于画图线及写字，是手工绘图必不可少的工具。绘图铅笔的一端有铅芯软硬程度的标记，H、2H、3H…表示硬铅芯，H 前的数字越大，表示铅芯越硬；B、2B、3B…表示软铅芯，B 前的数字越大，表示铅芯越软。HB 表示铅芯软硬适中。画粗实线常用 B、2B 铅芯的铅笔，写字用 HB 或 H 铅芯的铅笔，画细线用 H 或 2H 铅芯的铅笔。削铅笔时应保留其软硬程度的标记，画粗实线的铅笔芯一般用砂纸磨成方头，先把铅芯磨成厚为线宽 b 的两个平行平面，再把一侧的柱面磨成与两个平面垂直的平面，最后把带柱面的一侧磨成斜面，使用时将带柱面的一侧朝上即可；其余用途时应磨成圆锥状。

（2）三角板

三角板又叫三角尺，一副三角板有两块，其形状如图 4-1-1 所示，其中一块的角度为 45°、45°、90°；另一块为 30°、60°和 90°。

（3）圆规

圆规的结构如图 4-1-2 所示，圆规主要用于画圆和圆弧。一般有大圆规、弹簧圆规和点圆规三种。使用时，应先调整针脚，使针尖略长于铅芯，且插针和铅芯脚都与纸面大致保持垂直。画大圆弧时，可加上延伸杆。

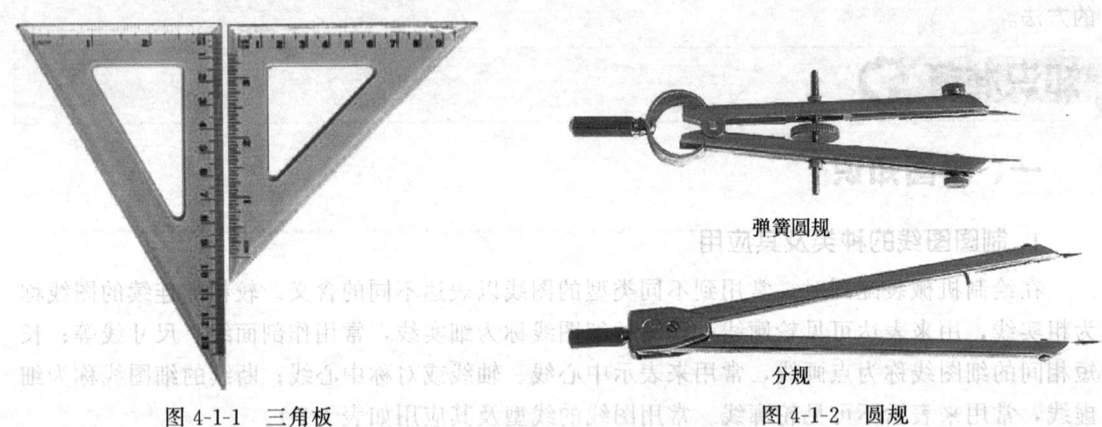

图 4-1-1 三角板 图 4-1-2 圆规

3. 三视图

（1）正投影

投影法就是指用一组投射线通过物体射向预定平面而得到图形的方法。为了更好更真实反应物体的形状以及大小，通常将投影线设置为相互平行并且与投影面垂直的直线，这种投影叫做正投影。

（2）三视图的形成

将物体放在三投影面体系中，用正投影法分别向三个投影面投射，就得到了物体的三视图，如图 4-1-3 所示，即：

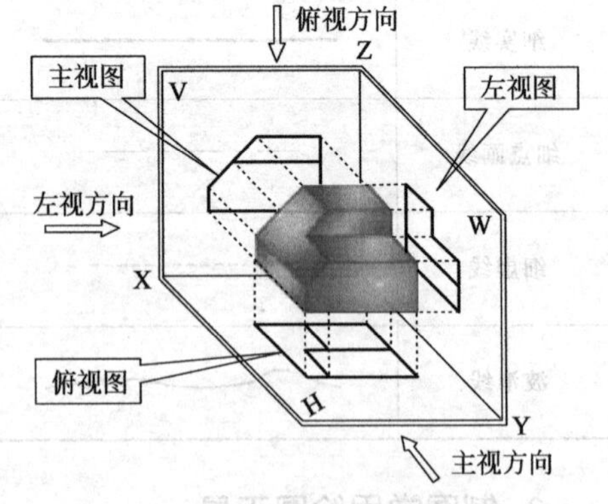

图 4-1-3 三视图

由前向后投影在正投影面上得到的视图称为主视图。

由左向右投影在侧投影面上得到的视图称为左视图。

由上向下投影在水平投影面上得到的视图称为俯视图。

（3）三视图的展开及其投影规律

物体可以通过三视图确定物体的形状，为了能在图纸平面体系中同时反映出三个投影图，还需要将其展开。如图 4-1-4 所示。

主视图反映物体的左右、上下方位；不反映前后方位（原因：该方位与主视的投射方向重合）。

俯视图反映物体的左右、前后方位；不反映上下方位（原因：该方位与俯视的投射方向重合）。

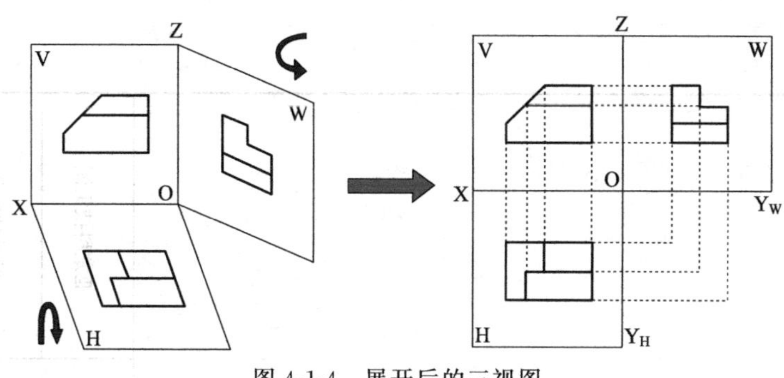

图 4-1-4　展开后的三视图

左视图反映物体的上下、前后方位；不反映左右方位（原因：该方位与左视的投射方向重合）。

因此可以归纳总结出三视图的投影规律：

主、俯视图长对正；

主、左视图高平齐；

俯、左视图宽相等。

4. 识读装配图

装配图是表达机器或部件的图样，主要表达其工作原理和装配关系。在机器设计过程中，装配图的绘制位于零件图之前，并且装配图与零件图的表达内容不同，它主要用于机器或部件的装配、调试、安装、维修等场合，也是生产中的一种重要的技术文件。

（1）装配图的作用

在产品设计过程中，一般要根据设计的要求绘制装配图，用以表达机器或部件的主要结构和工作原理，然后再根据装配图设计零件绘制各个零件图；在产品制造中，装配图是制定装配工艺规程、进行装配和检验的技术依据，即根据装配图把制成的零件装配成合格的部件或机器。

在使用或维修机械设备时，也需要通过装配图来了解机器的性能、结构、传动路线、工作原理、维护和使用方法。装配图直接反映设计者的技术思想，因此，装配图也是进行技术交流的重要技术文件。

（2）装配图的内容

装配图主要表达机器或零件各部分之间的相对位置、装备关系、连接方式和主要零件的结构形状等内容，图 4-1-5 所示是机械手的装配图。

① 一组图形：用一组图形（包括剖视图、断面图等）表达机器或部件的传动路线、工作原理、机构特点、零件之间的相对位置、装配关系、连接方式和主要零件的结构形状等。

② 几类尺寸：标注出表示机器或部件的性能、规格、外形以及装配、检验、安装时必需的几类尺寸。

③ 技术要求：用文字或符号说明机器或部件的性能、装配、检验、运输、安装、验收及使用等方面的技术要求，是装配图的重要组成部分。

④ 零件编号、明细栏和标题栏：在装配图上应对各种不同的零件编写序号，并在明细栏中依次填写零件的序号、名称、数量、材料以及零件的国标代号等内容。标题栏内填写机器或部件的名称、比例、图号以及设计、制图、校核人员名称等内容。

1
2
3
4
5
6

序号	图号	名 称	数量	材 料	重量	备 注
6		搬运单元固定架	2			
5		旋转气缸固定架	1			
4		左右限位固定架	1			
3		伸缩气缸固定支架	1			
2		提升气缸支架	1			
1		气动手爪	1			

标记	处数	更改文件号	签字	日期	示意图				亚龙科技集团
设 计		标准化			图样标记	数量	重量	比例	搬动站部分
校 对		（审定）				1			YL-235A型
审 核									
工 艺		日 期			共 73 页		第 25 页		

图 4-1-5 装配图的内容

(3) 识读装配图的步骤

① 概括了解 从标题栏中了解装配体的名称，由此可大体了解设备的主要用途和性能。从明细栏中了解各零件的种类、材质以及大致的组成情况以及复杂程度。从视图的配置、尺寸和技术要求，可知该装配体的大小、结构特点以及大致的工作原理。

② 分析视图 根据视图的配置找出它们之间的投影关系。对于特殊的剖面视图要找出剖切位置，分析所采用的表达方法以及表达的主要内容。

③ 总结归纳 在详细分析各组成元件后，综合想象出装配体的整个结构和装配关系，弄懂装配体的工作原理，从而完全了解该装配体。

二、气动元件及传感器

1. 气动技术及气动元件

(1) 气动

气动技术简称气动，是以空气压缩机为动力源，以压缩空气为工作介质，进行能量传递或信号传递的工程技术，是实现各种生产控制、自动控制的重要手段。气动技术应用非常广泛，气动元件具有高精度、高速度、低功耗、小型化、机电一体化等特点。在汽车制造业、自动化生产等场合得到广泛应用。

(2) 气动系统

一个典型的气动系统是由空气压缩机、气源净化元件、气动控制元件、气动执行元件及各种气动辅助元件组成。

气源净化元件包括空气干燥器、油雾分离器。气源净化元件可以清除压缩空气中的水分、油分及杂质等，以得到清洁干燥的压缩空气。

气动辅助元件包括空气过滤器、油雾器、减压阀等。空气过滤器是减少悬浮在压缩空气中的固态粒子及液态油水。油雾器是将润滑油雾化，随压缩空气流至需要润滑的部位。减压阀用于调节所需的压力。

气动控制元件——电磁阀控制供给气缸等的压缩空气的流动方向。

执行元件主要是气缸。切换方向控制阀，向执行元件导入压缩空气，以推动执行元件作直线及回转运动。直线运动使用气缸，回转运动使用回转气缸。气缸的分类如表 4-1-2。

表 4-1-2 气缸的分类

分类		功能
按活塞的形式	活塞式	分为单动,双动,差动形式
	柱塞式	只能单向运动
	膜片式	膜片变形驱动活塞杆移动
按活塞杆的形式	单杆	活塞的单侧有活塞杆
	双杆	活塞的两侧都有活塞杆
按有无缓冲装置	无缓冲	没有缓冲装置
	单侧缓冲	单侧装缓冲装置
	双侧缓冲	两侧装有缓冲装置

(3) 气动执行元件：气缸、气手指、旋转气缸等

① 单作用气缸结构简单，耗气量少。缸体内安装了弹簧，缩短了气缸的有效行程。弹

簧的反作用力随压缩行程的增大而增大，故活塞杆的输出力随运动行程的增大而减小。弹簧具有吸收动能的能力，可减小行程终端的撞击作用。一般用于行程短，对输出力和运动速度要求不高的场合。单作用气缸如图 4-1-6 所示。

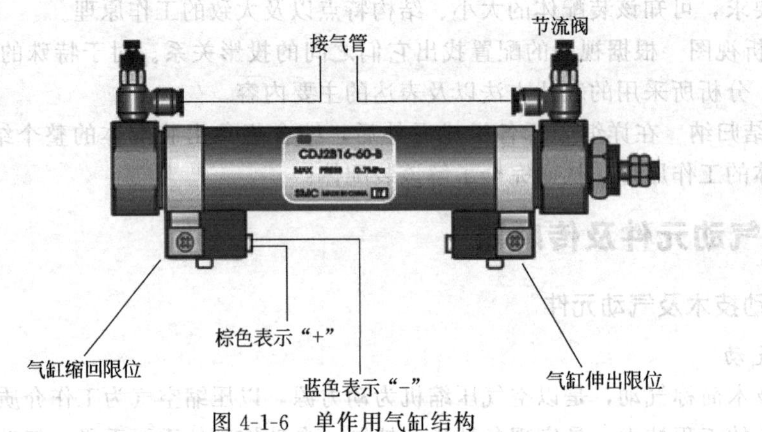

图 4-1-6　单作用气缸结构

气缸的伸出限位与缩回限位利用磁性开关实现。

② 双作用气缸的活塞前进或后退都能输出力（推力或拉力）。结构简单，行程可根据需要选择。双作用气缸的工作特点是：气缸活塞的两个运动方向都由空气压力推动，因此在活塞两边，气缸有两个气孔作供气和排气用，以实现活塞的往复运动。可分为单杆气缸和双杆气缸。双作用气缸应用十分广泛，双作用气缸如图 4-1-7 所示。

③ 叶片式摆缸是用内部止动块或外部挡块来改变其摆动角度。工作原理：将气压作用在叶片上，由于叶片与转轴连在一起，因此受气压作用的叶片就带动转轴摆动，并输出力矩。气缸用内部止动块或外部挡块来改变其摆动角。如图 4-1-8 所示。

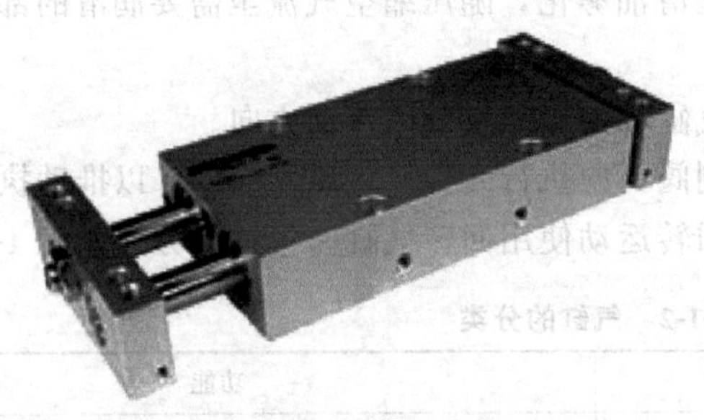

图 4-1-7　双作用气缸

图 4-1-8　叶片式摆缸

④ 气动夹爪简称气爪，是气动设备中用来夹持工件的一种常用元件。它一般是在气缸的活塞杆上连接一个传动机构，来带动气爪的爪子作直线平移或绕某支点开闭，以夹紧或放松工件。气爪如图 4-1-9 所示。

（4）气动控制元件

① 按照气体在管道的流动方向，可分为单向阀与换向阀。只允许气体向一个方向流动，这样的阀叫做单向型控制阀；改变气体流向的控制阀叫做换向阀。

② 按照控制方式可分为电磁阀、机械阀、气控阀、人控阀。其中电磁阀又可以分为单控电磁阀和双控电磁阀两种。

单控电磁阀用来控制气缸单个方向运动，实现气缸的伸出、缩回运动。与双控电磁阀区别在双控电磁阀初始位置是任意的可以随意控制两个位置，而单控电磁阀初始位置是固定的只能控制一个方向。单控电磁阀如图 4-1-10 所示。

图 4-1-9　气动夹爪

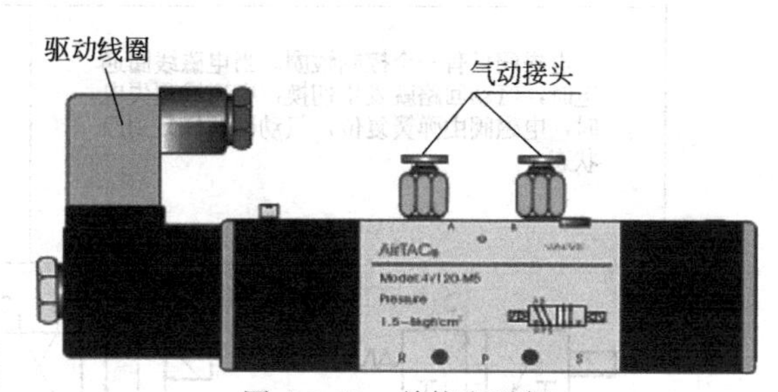

图 4-1-10　单控电磁阀

双控电磁阀用来控制气缸进气和出气，从而实现气缸的伸出、缩回运动。电磁阀内装的红色指示灯有正负极性，如果极性接反了也能正常工作，但指示灯不会亮。双控电磁阀如图 4-1-11 所示。电磁阀的接线及进出气孔如图 4-1-12 所示。

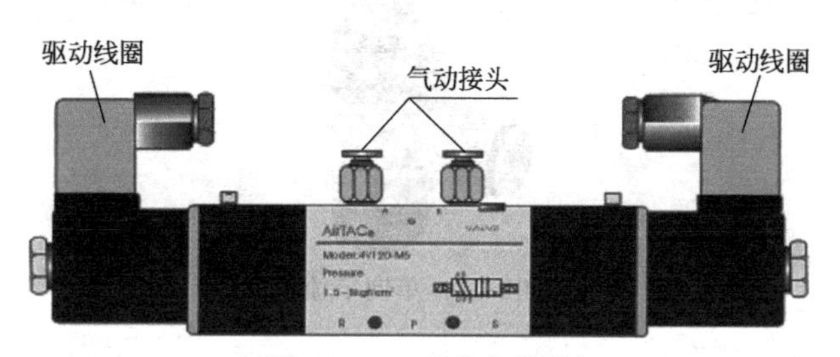

图 4-1-11　双控电磁阀

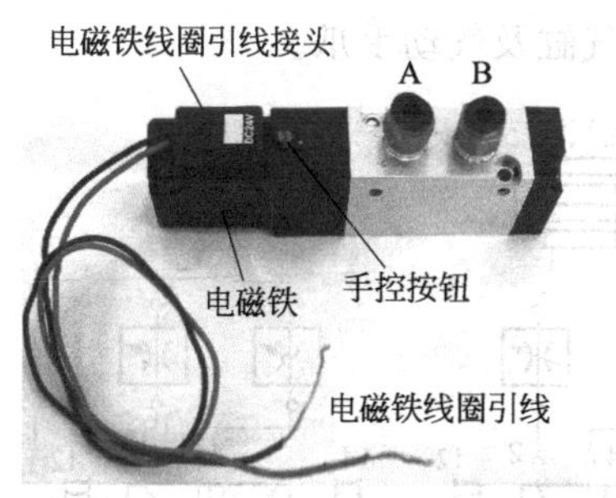

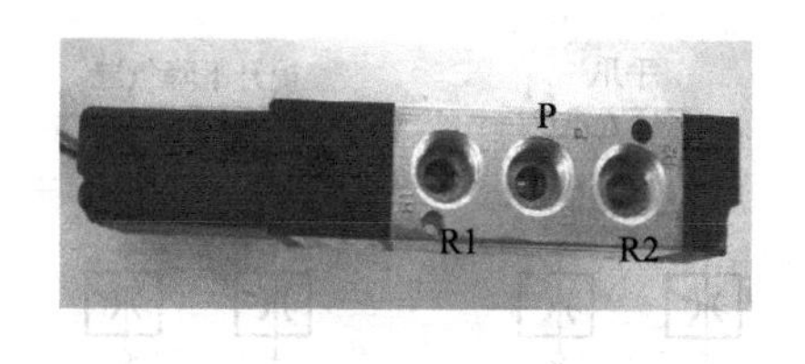

图 4-1-12　电磁阀的接线及进出气孔

进气口：P（IN 或 SUP）；出气口：A（或 OUT）；排气口：R（O 或 EXH）

③ 根据换向阀阀杆的工作位置及阀上气孔数可以将阀分为 2 位 3 通阀、2 位 4 通阀等。

所谓“位”指的是为了改变气体方向，阀芯相对于阀体所具有的不同的工作位置。“通”的含义则指换向阀与系统相连的通口，有几个通口即为几通。

图 4-1-13 分别给出二位三通、二位四通和二位五通单控电磁换向阀的图形符号，图形中有几个方格就是几位，方格中的“┬”和“┴”符号表示各接口互不相通。

④ 单向节流阀是由单向阀和节流阀并联而成的流量控制阀，常用于控制气缸的运动速度，故常称为速度控制阀。单向阀的功能是靠单向型密封圈来实现的，如图 4-1-14 所示。

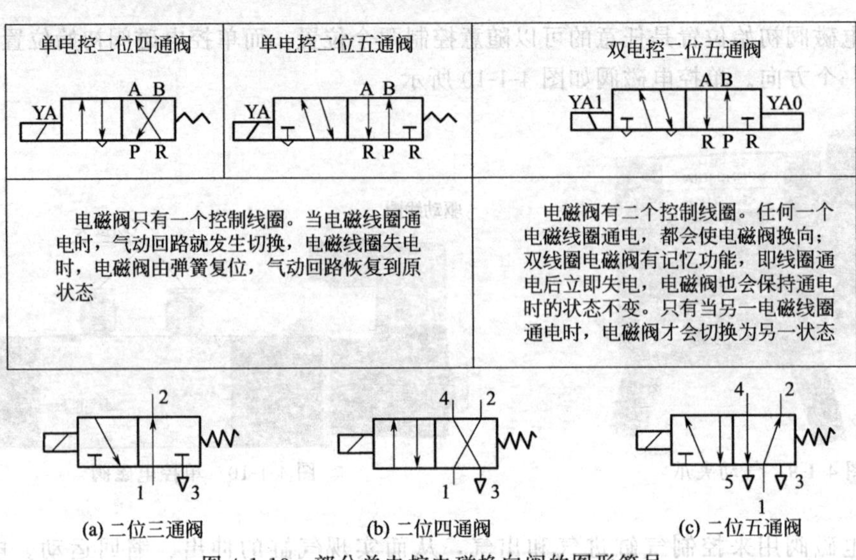

单电控二位四通阀	单电控二位五通阀	双电控二位五通阀
YA A B P R	YA A B R P R	YA1 A B R P R YA0
电磁阀只有一个控制线圈。当电磁线圈通电时，气动回路就发生切换，电磁线圈失电时，电磁阀由弹簧复位，气动回路恢复到原状态		电磁阀有二个控制线圈。任何一个电磁线圈通电，都会使电磁阀换向；双线圈电磁阀有记忆功能，即线圈通电后立即失电，电磁阀也会保持通电时的状态不变。只有当另一电磁线圈通电时，电磁阀才会切换为另一状态

图 4-1-13 部分单电控电磁换向阀的图形符号

图 4-1-14 单向节流阀

（5）气路原理分析

图 4-1-15 中，机械手气动回路中的气动控制元件主要是 4 个二位五通电磁换向阀及 8 个节流阀；气动执行元件是提升气缸、伸缩气缸、旋转气缸及气动手爪。

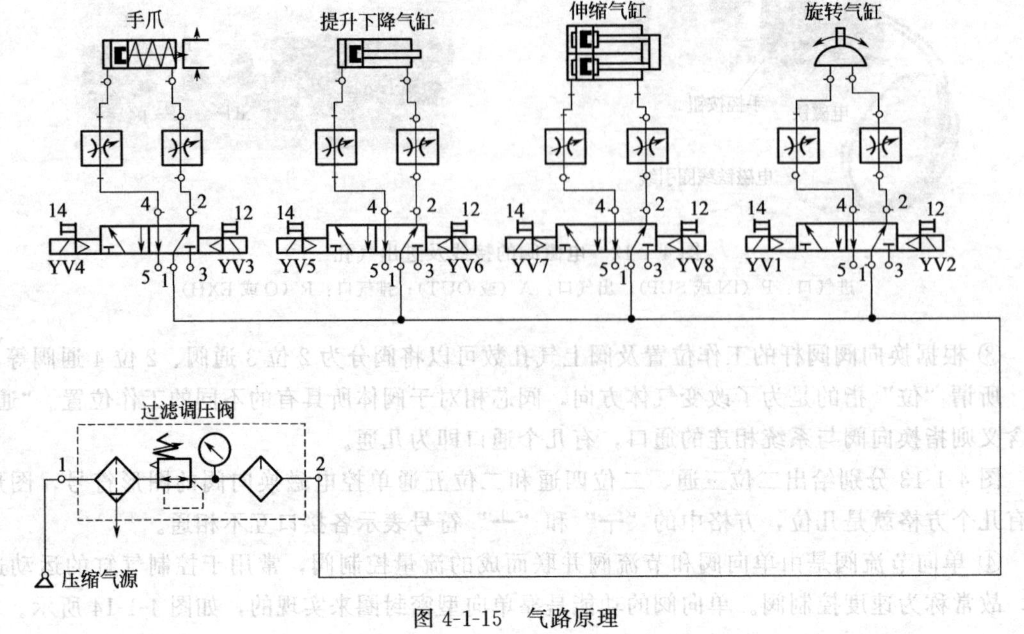

图 4-1-15 气路原理

气动原理：摆动气缸气动回路，若 YV1 得电、YV2 断电，用于旋转的电磁换向阀通过气管会将气压送入旋转气缸，控制机械手臂左旋；反之，则控制右旋。机械手的其他气动回路工作原理与之相同。

(6) 机械手的安装及气路连接

① 机械手的安装要求

a. 机械手支架的安装　支架两立柱平行，如图 4-1-16 所示。

支架两立柱与安装台台面垂直，如图 4-1-17 所示。

图 4-1-16　支架立柱平行

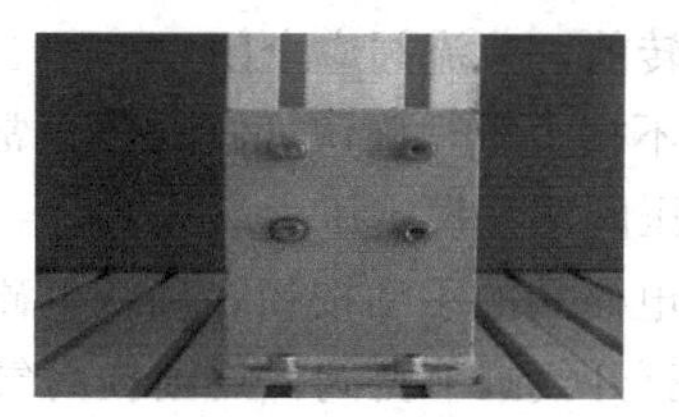

图 4-1-17　立柱安装台垂直

b. 旋转气缸固定架　机械手支架两立柱高度一致，旋转气缸固定架保持水平，如图 4-1-18 所示。

c. 限位挡板　限位挡板水平安装且贴紧旋转气缸固定架，如图 4-1-19 所示。

d. 悬臂与旋转气缸连接　悬臂气缸连接孔的定位螺钉应对准旋转气缸轴上的定位槽，将孔套进轴后拧紧定位螺钉，如图 4-1-20 所示。

图 4-1-18　旋转气缸固定

图 4-1-19　限位挡板

图 4-1-20　悬臂与旋转气缸连接

e. 限位销与缓冲器　各器件安装位置适当，当金属传感器检测到信号时，应首先与缓冲器接触，悬臂碰到限位销时停止，此时悬臂与金属传感器应有 1～2mm 的间隙。如图 4-1-21 所示。

f. 悬臂与手臂　悬臂应水平安装，手臂应竖直安装；完成后，手臂与悬臂应垂直。如图 4-1-22 所示。

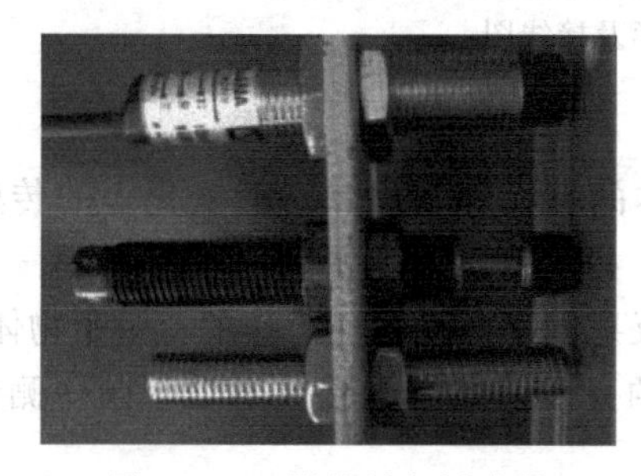

图 4-1-21　限位销与缓冲器

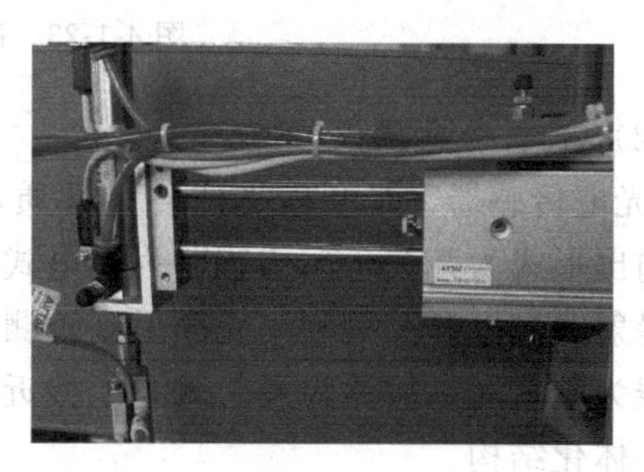

图 4-1-22　悬臂与手臂

② 机械手的气路连接

气管插入接头时，应用手拿着气管端部轻轻压入，使气管通过弹簧片和密封圈达到底部，保证气路连接可靠、牢固、密封；气管从接头拔出时，应用手将管子向接头里推一下，然后压紧接头再拔出，禁止强行拔出。气路连接步骤如下：

a. 连接气源。

b. 连接执行元件。

c. 整理、固定气管。

③ 气动系统的检查

a. 试运转前，节流阀应全闭。

b. 气缸不接负载，确认气缸动作正常。

c. 将减压阀调至设定压力。

d. 利用电磁阀的手动按钮，确认电磁阀动作正常（可让阀的输出口通大气）。

e. 逐渐打开气缸节流阀，逐渐提高气缸速度。

f. 同时调节气缸缓冲阀，使气缸平稳运动至末端。

g. 电磁阀的手动按钮复位。

2. 传感器知识

传感器是一种检测装置，能感受到被测量的信息，并能将检测感受到的信息，按一定规律变换成电信号或其他所需形式的信息输出，以满足信息的传输、处理、存储、显示、记录和控制等要求。它是实现自动检测和自动控制的首要环节。传感器广泛应用于工业生产、生物工程、医学诊断、海洋探测、环境保护等领域。

(1) 磁性开关

当有磁性物质接近时，磁性开关动作并输出信号。在气缸的活塞上装有一个磁环，这样就可以用两个磁性开关检测气缸运动的两个极限位置。磁性开关可分为有触点式和无触点式两种。通过机械触点的动作进行开关的通（ON）和断（OFF）的是有触点式。不要将磁性开关两条引线直接接在 DC24V 电源上，否则可能损坏。为了防止错误接线损坏磁性开关，可在磁性开关的棕色引出线都串联了电阻和二极管支路。使用时如果引出线极性接反，磁性开关不能工作，但不会损坏磁性开关。磁性开关外形及接线图如图 4-1-23。

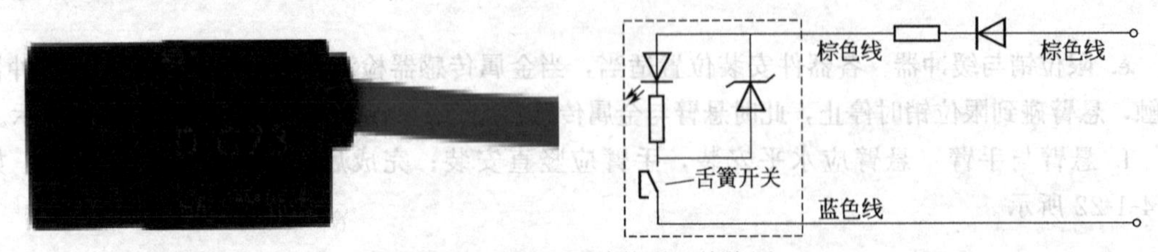

图 4-1-23 磁性开关外形及接线图

(2) 光电传感器

“光电传感器”是利用光的各种性质，检测物体的有无和表面状态的变化等的传感器。其中输出形式为开关量的传感器为光电式接近开关。如图 4-1-24 所示。

漫射式光电开关是利用光照射到被测物体上后反射回来的光线而工作的，由于物体反射的光线为漫射光，故称为漫射式光电接近开关。它的光发射器与光接收器处于同一侧位置，且为一体化结构。

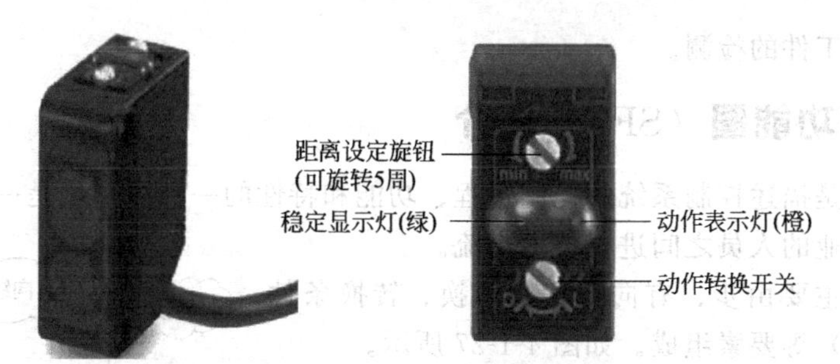

图 4-1-24　E3Z-L61 型光电开关的外形和调节旋钮、显示灯

（3）电感式传感器

电感式传感器是利用电涡流效应制造的传感器，当被测金属物体接近电感线圈时产生了涡流效应，引起振荡器振幅或频率的变化，由传感器的信号调理电路（包括检波、放大、整形、输出等电路）将该变化转换成开关量输出，从而达到检测目的。工作原理框图如图 4-1-25 所示。电感式传感器只对接近的金属件有信号反应，对接近的非金属件无信号反应。

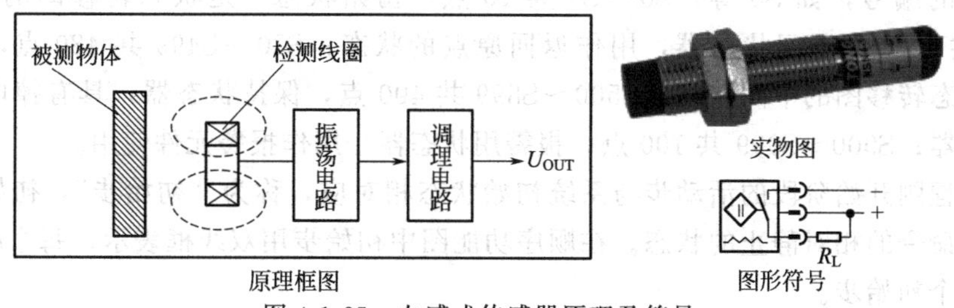

图 4-1-25　电感式传感器原理及符号

（4）光纤传感器

光纤型传感器由光纤检测头、光纤放大器两部分组成，放大器和光纤检测头是分离的两个部分，光纤检测头的尾端部分分成两条光纤，使用时分别插入放大器的两个光纤孔。光纤传感器组件及放大器的安装示意图如图 4-1-26 所示。根据检测对象的不同调节灵敏度，实

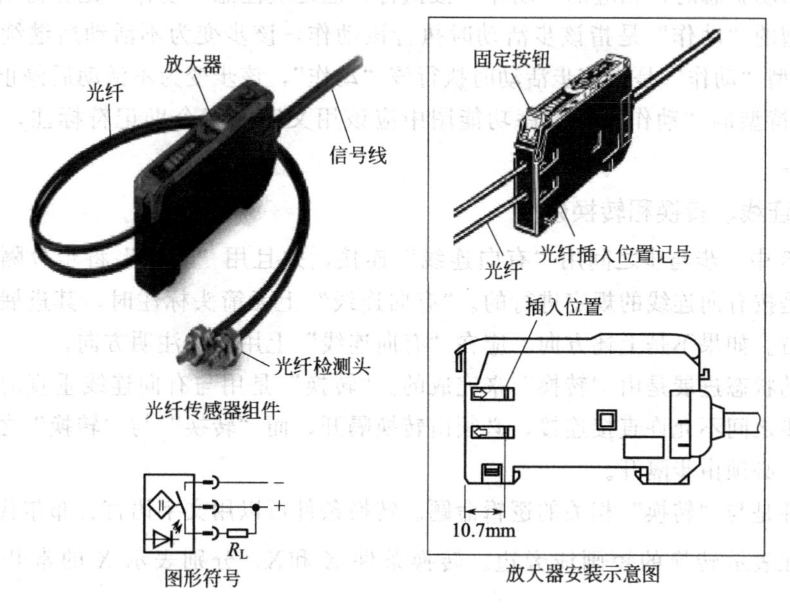

图 4-1-26　光纤传感安装示意图

现对不同颜色的工件的检测。

三、顺序功能图（SFC）简介

顺序功能图是描述控制系统的控制过程、功能和特性的一种图形，是一种通用的技术语言，利于不同专业的人员之间进行技术交流。

顺序功能图主要由步、有向线段、转换、转换条件和动作（或命令）等要素组成。如图 4-1-27 所示。

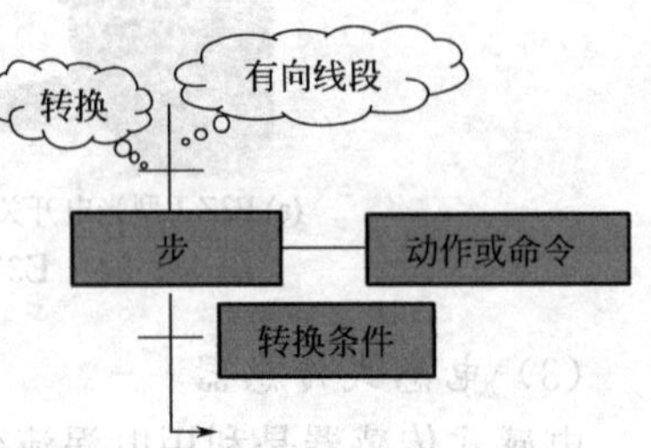

图 4-1-27　顺序功能图的组成

1. 步与动作

用顺序功能图设计 PLC 程序时，应根据系统的输出状态，将系统的工作过程划分成若干个阶段，每一个阶段成为“步”，可以用编程软件（如辅助继电器 M 和状态继电器 S）来代表各步。图 4-1-27 中，“步”在顺序功能图中用矩形框表示，方框中可以用数字表示该步的编号，一般用代表该步的编程元件的元件号作为步的编号，如 S0 等，S0～S9 共 10 点，初始状态，是状态转移图的起始状态；S10～S19 共 10 点，返回状态器，用作返回原点的状态；S20～S499 共 480 点，通用状态器，用作状态转移图的中间状态；S500～S899 共 400 点，保持状态器，具有掉电保持功能的通用状态器；S900～S999 共 100 点，报警用状态器，用作报警元件使用。

控制过程刚开始阶段的活动步与系统初始状态相对应，称为“初始步”，初始状态一般是系统等待命令的相对静止的状态。在顺序功能图中初始步用双线框表示，每个顺序功能图中至少有一个初始步。

当系统正工作于某一步时，该步处于活动状态，称为“活动步”。步处于活动状态时，相应的动作被执行；处于不活动状态时，相应的非保持型动作被停止执行。

所谓“动作”，是指某步活动时 PLC 向被控系统发出命令，或被控系统应执行的动作。“动作”用矩形框中的文字或符号表示，该矩形框应与相应步的矩形相连接。

当处于活动状态时，相应的“动作”被执行。但是应注意“动作”是保持型还是非保持型的。保持型的“动作”是指该步活动时执行该动作，该步变为不活动后继续执行该“动作”。非保持型“动作”是指该步活动时执行该“动作”，该步变为不活动后停止执行该“动作”。一般保持型的“动作”在顺序功能图中应该用文字或指令助记符标注，而非保持型“动作”标注。

2. 有向连线、转换和转换条件

图 4-1-28 中，步与步之间用“有向连线”连接，并且用“转换”将步分隔开。步的活动状态进展是按有向连线的规定进行的。“有向连线”上无箭头标注时，其进展方向是从上到、从左到右。如果不是上述方向，应在“有向连线”上用箭头注明方向。

步的活动状态进展是由“转换”来完成的。“转换”是用与有向连线垂直的短画线来表示的，步与步之间不允许直接连接，必须由转换隔开，而“转换”与“转换”之间也同样不能直接相连，必须由步隔开。

转换条件是与“转换”相关的逻辑命题。转换条件可以用文字语言、布尔代数表达或图形符号标注在表示转换的短画线旁边。转换条件 X 和 $\overline{X}$，分别表示 X 的常开触点和常闭触点。

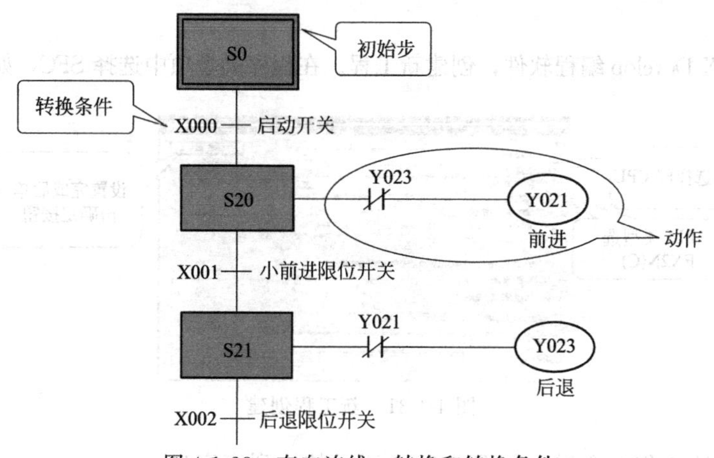

图 4-1-28 有向连线、转换和转换条件

四、顺序功能图（SFC）的基本结构

根据步与步之间转换的不同情况，顺序功能图有以下几种不同的基本结构形式。

（1）单序列结构

顺序功能图的单序列结构形式最为简单，它由一系列按顺序排列、相继激活的步组成，每一步的后面只有一个转换，每一个转换后面只有一步，如图 4-1-29 所示。

（2）选择序列结构

选择序列有开始和结束之分。选择序列的开始称为分支，选择序列的结束称为合并。选择序列的分支是指一个前级步后面紧接着有若干个后续步可供选择，各分支都有各自的转换条件。分支中表示转换的短画线只能标在水平线之下。

（3）并行序列结构

并行序列也有开始和结束之分。并行序列的开始也称为分支，并行序列的结束也称为合并。本节任务重点介绍单序列结构，其他结构在下节任务中介绍。

五、实例

小车在按下启动按钮后前进，碰到前进限位开关 SQ1 后，后退，碰到后退限位开关 SQ2 后停止。SFC 程序如图 4-1-30 所示。

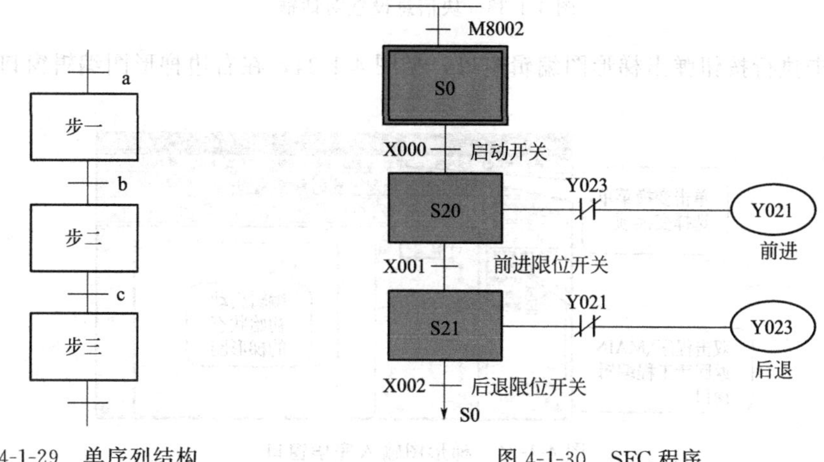

图 4-1-29 单序列结构　　图 4-1-30 SFC 程序

程序的输入。

（1）启动 GX Develop 编程软件，创建新工程。在程序类型项中选择 SFC，如图 4-1-31 所示。

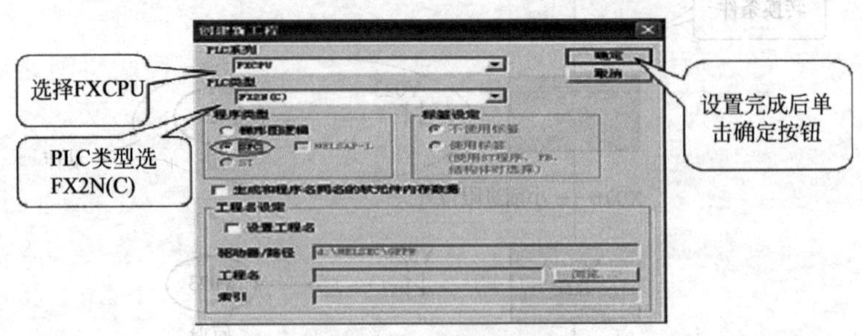

图 4-1-31 新工程创建

（2）完成上述工作后会弹出如图 4-1-32 所示的块列表窗口。

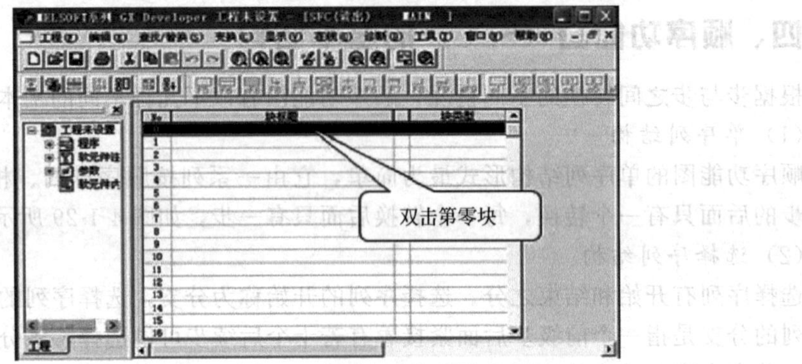

图 4-1-32 块列表窗口

按图中所示，双击第零块。

（3）选择梯形图块。如图 4-1-33 所示。

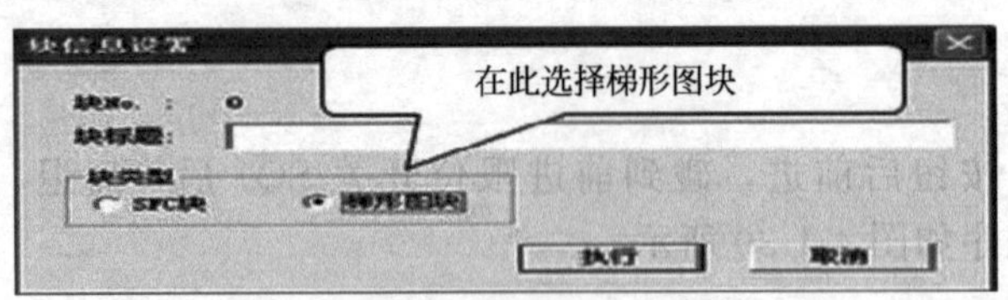

图 4-1-33 块信息设置对话框

（4）点击执行按钮弹出梯形图编辑窗口，见图 4-1-34，在右边梯形图编辑窗口中输入启

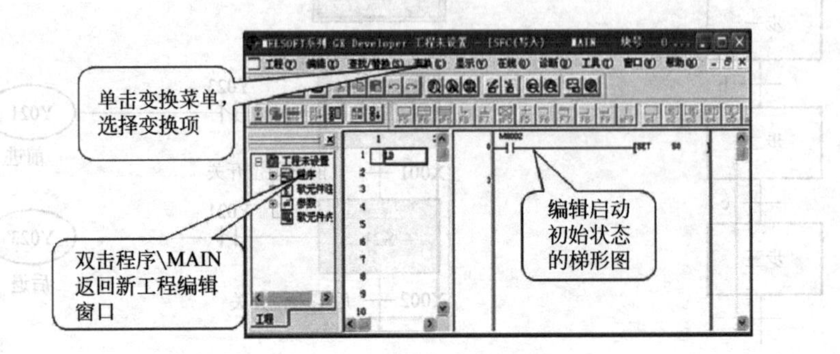

图 4-1-34 梯形图输入完毕窗口

动初始状态的梯形图。输入完成后单击“变换”项或按 F4 快捷键，完成梯形图的变换。

需注意，在 SFC 程序的编制过程中每一个状态中的梯形图编制完成后必须进行变换，才能进行下一步工作。

（5）在完成了梯形图块的编辑以后，双击工程数据列表窗口中的“程序”\“MAIN”，返回块列表窗口见图 4-1-35。单击执行，弹出 SFC 程序编辑窗口见图 4-1-36。

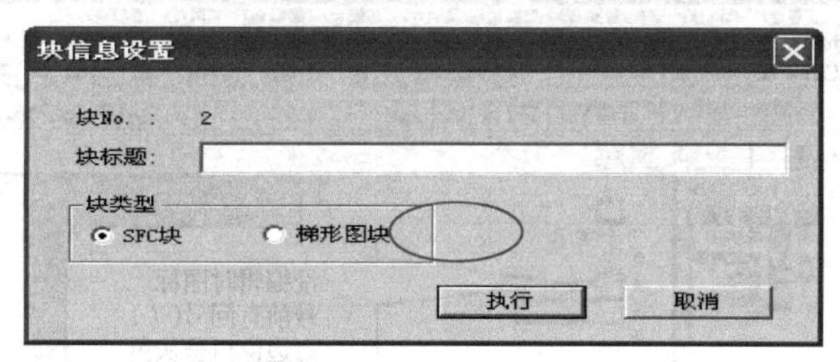

图 4-1-35　块信息设置

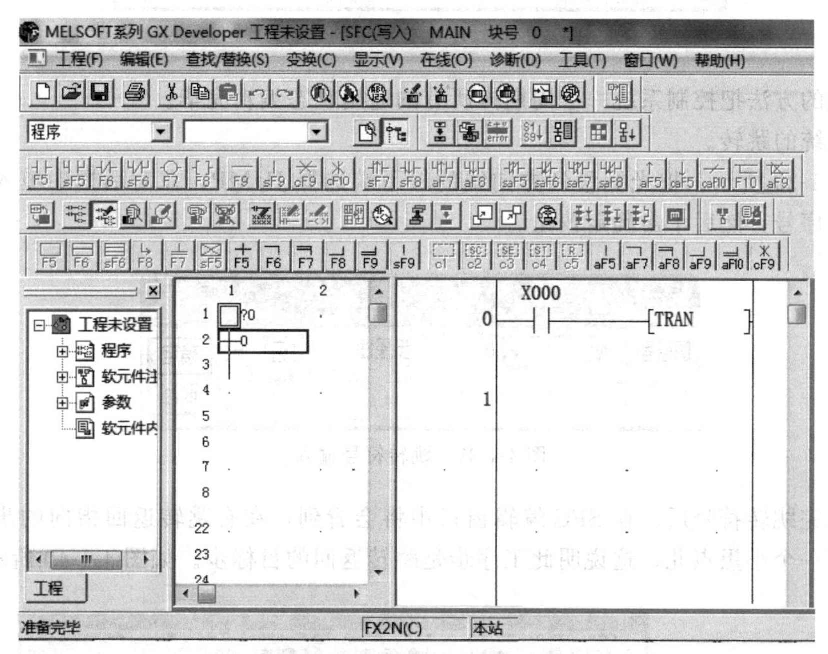

图 4-1-36　SFC 程序编辑窗口

（6）步的编辑。

在左侧的 SFC 程序编辑窗口中把光标下移到方向线底端，按工具栏中的工具按钮 F5 或单击 F5 快捷键弹出步序输入设置对话框，见图 4-1-37。将数字 10 改为 20。

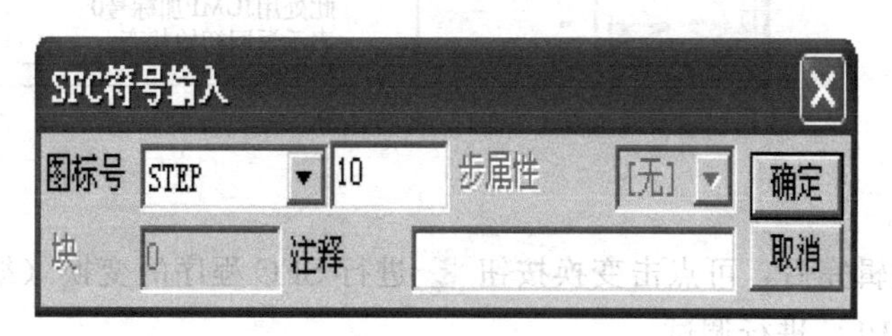

图 4-1-37　SFC 步号输入

输入步序标号20后点击确定，这时光标将自动向下移动，此时，可看到步序图标号前面有一个问号（?），这是表明此步现在还没进行梯形图编辑，同时右边的梯形图编辑窗口呈现为灰色也表明为不可编辑状态，见图4-1-38。将光标移到步序号符号处，在步符号上单击后右边的窗口将变成可编辑状态，现在，可在此梯形图编辑窗口中输入梯形图。

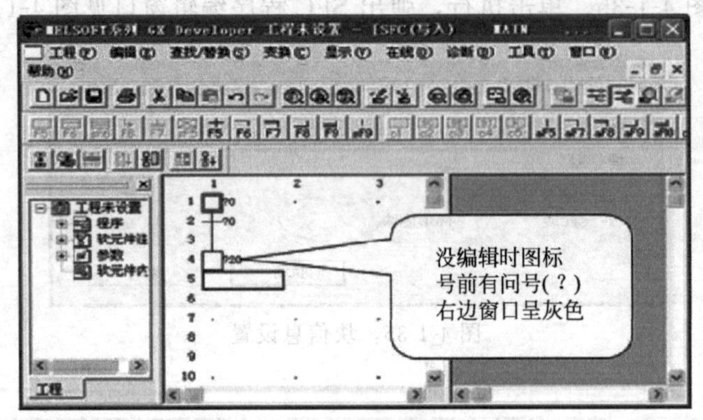

图4-1-38 还没有编辑的状态步

用相同的方法把控制系统一个周期内所有的通用状态编辑完毕。

（7）系统的跳转。

如图4-1-39所示。把光标移到方向线的最下端选择JUMP，在对话框中填入要跳转到的目的地步序号，然后单击确定按钮。

图4-1-39 跳转符号输入

当输入完跳转符号后，在SFC编辑窗口中将会看到，在有跳转返回指向的步序符号方框图中多出一个小黑点儿，这说明此工序步是跳转返回的目标步。如图4-1-40所示。

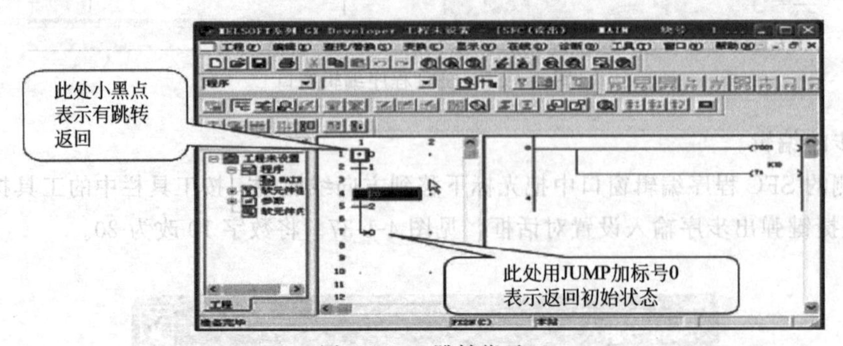

图4-1-40 跳转指示

（8）程序变换。

当SFC程序编辑完后，可点击变换按钮进行SFC程序的变换（编译），经过变换后的程序，才能写入PLC进行调试。

如果想观看 SFC 程序所对应的顺序控制梯形图，可以点击工程 \ 编辑数据 \ 改变程序类型，进行数据改变（见图 4-1-41）。可以将 SFC 程序变换梯形图程序或将梯形图程序变换 SFC 程序。

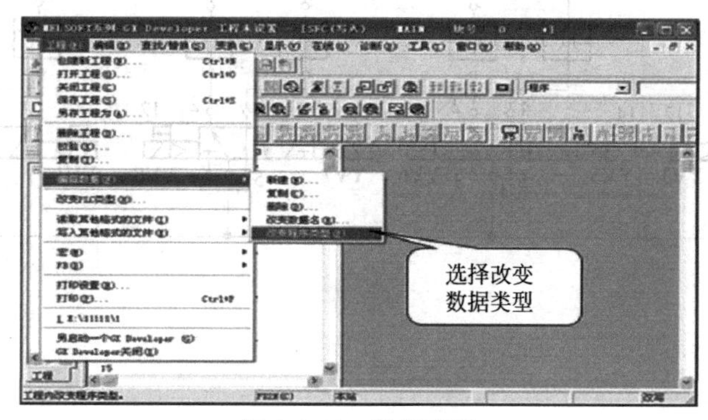

图 4-1-41　数据变换

任务实施

一、实训条件

三菱 FX3u-48MR PLC 一台，计算机一台，机械手一套，气泵一台，电磁阀一组，传感器若干。

二、实训内容与步骤

按照组装图组装机械手，按照气路图连接气路，画出电气原理图并接线，根据如下控制要求编写程序并调试。

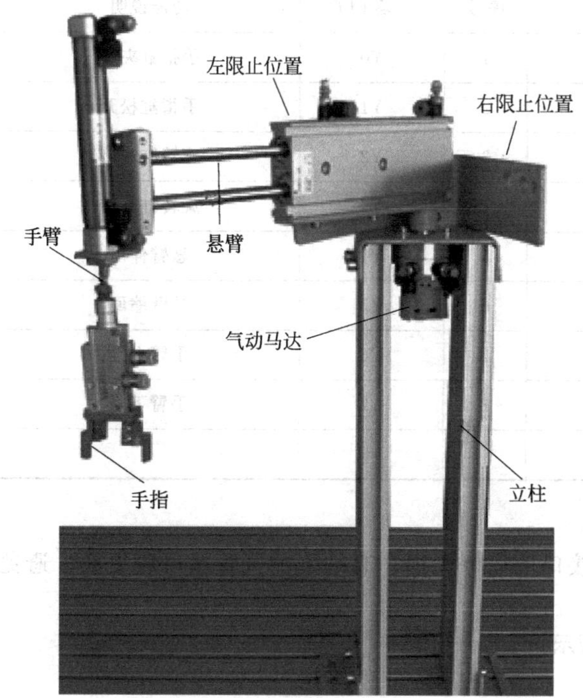

图 4-1-42　机械手布置图

启动前，设备的运动部件必须停在初始位置：机械手的悬臂靠在左限止位置，手臂气缸的活塞杆上升，悬臂气缸的活塞杆缩回，手指松开。

当供料平台有工件并按下启动按钮时→悬臂伸出→手臂下降→手指合拢抓取工件→手臂上升→悬臂缩回→机械手向右转动→悬臂伸出→手臂下降→手指松开，工件掉在处理盘内→手臂上升→悬臂缩回→机械手左转回原位后停止。机械手布置图如图 4-1-42所示，气路连接图如图 4-1-43 所示。

(1) 根据控制要求，列出输入/输出 (I/O) 分配表。如表 4-1-3。

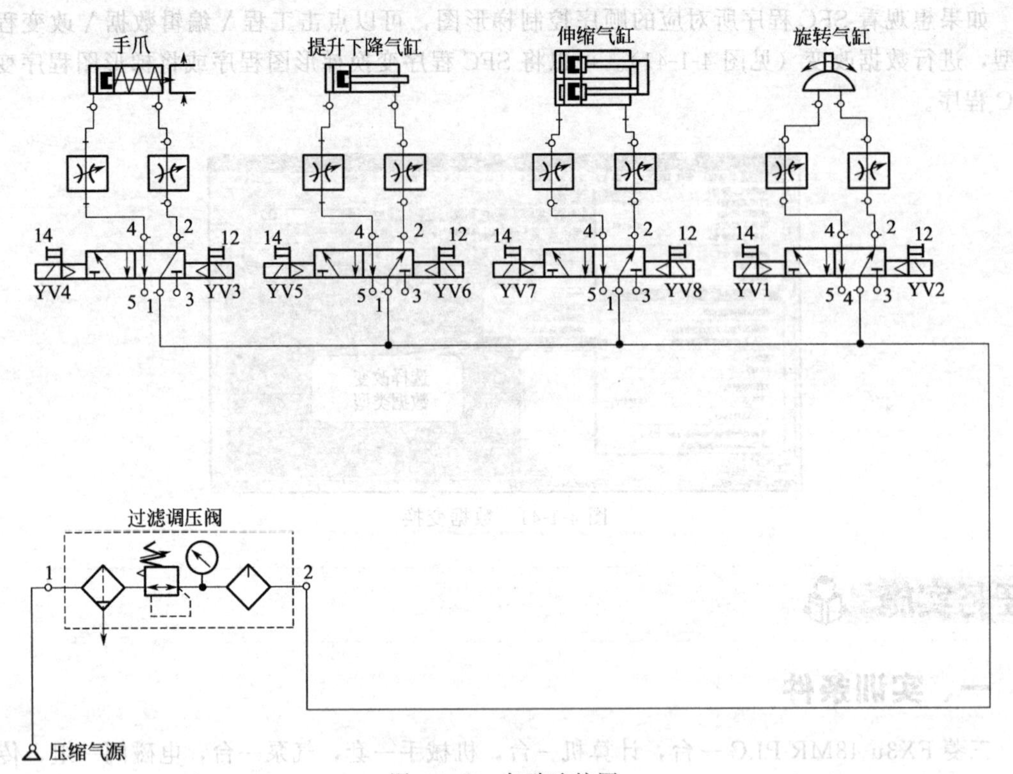

图 4-1-43　气路连接图

表 4-1-3　输入/输出（I/O）分配表

输入端子			输出端子		
序号	三菱 PLC	功能说明	序号	三菱 PLC	功能说明
1	X0	进料口位置光电开关	1	Y0	手指缸夹紧
2	X1	旋转缸左到位	2	Y1	手指缸松开
3	X2	旋转缸右到位	3	Y2	旋转缸左转
4	X3	悬臂伸出到位	4	Y3	旋转缸右转
5	X4	悬臂缩回到位	5	Y4	悬臂伸出
6	X5	手臂上升到位	6	Y5	悬臂缩回
7	X6	手臂下降到位	7	Y6	手臂上升
8	X7	手指夹紧到位	8	Y7	手臂下降
9	X10	启动按钮 SB5			

（2）根据机械手组装图进行机械组装。

（3）根据气路连接图连接气路。气管接口应完好无损，有缺陷的气管接口应更换，避免漏气。

（4）画出 PLC 接线图，如图 4-1-44 所示。

（5）根据 PLC 接线图进行安装接线。

（6）编写 SFC 程序并调试。SFC 程序如图 4-1-45 所示。

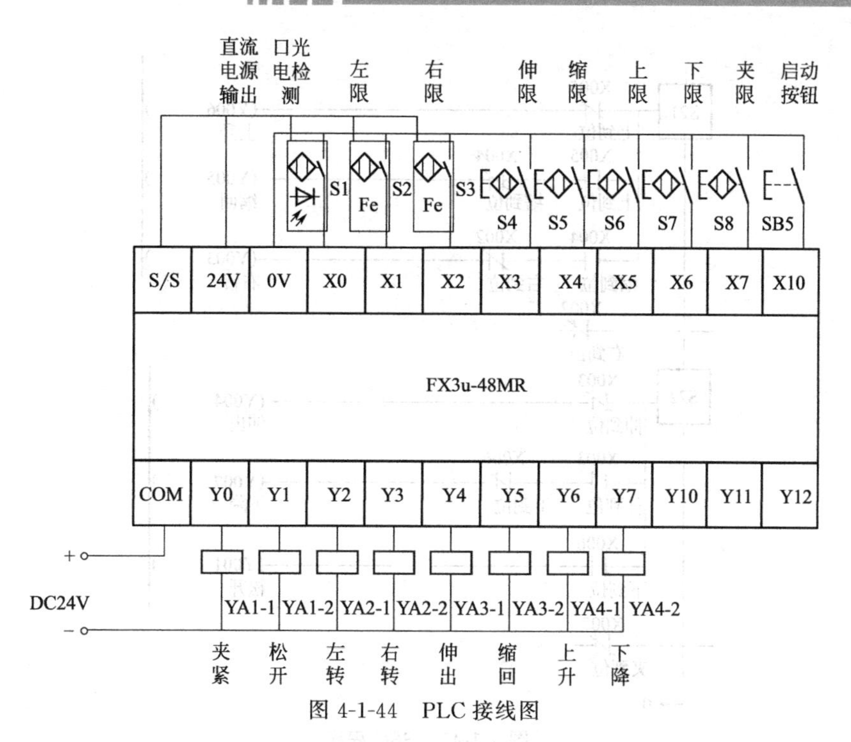

图 4-1-44　PLC 接线图

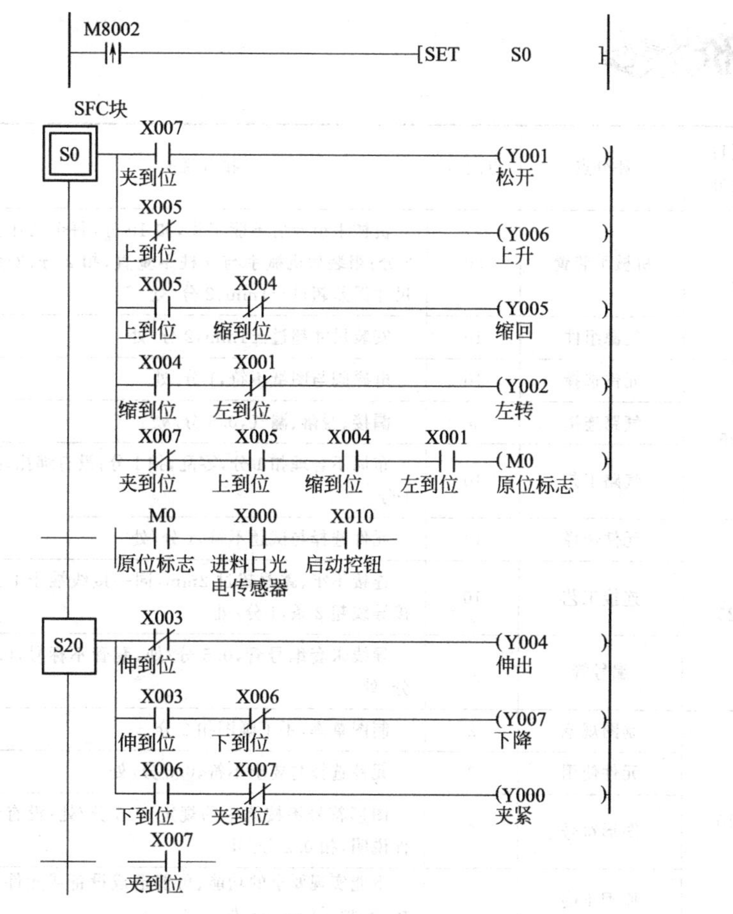

图 4-1-45

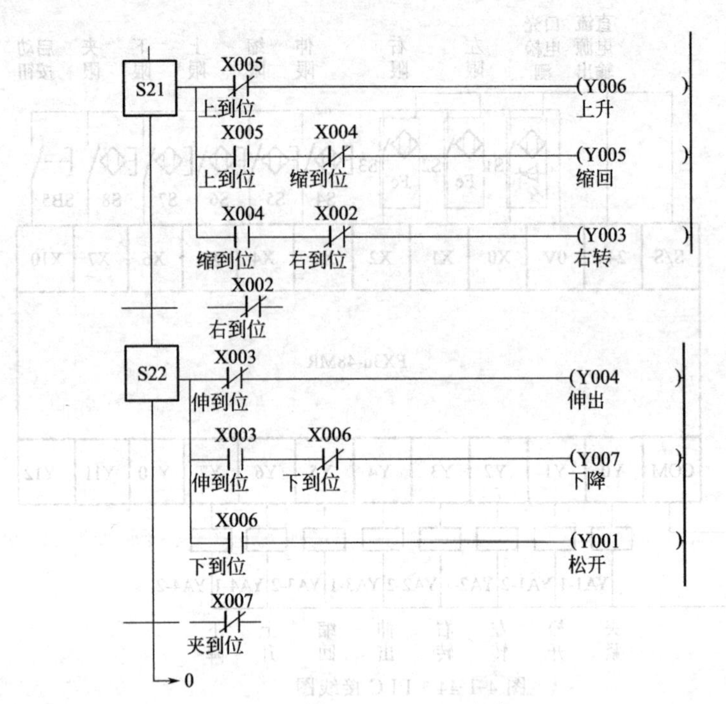

图 4-1-45 SFC 程序

任务评价

项目	项目配分	评分点	点配分	扣分说明	点得分	项目得分
部件组装及测试	40	机械手装置	30	机械手组装后不能工作，扣 10 分，每个动作扣 2 分；组装后机械手与立柱不垂直，扣 2 分；安装尺寸误差超过±1mm，2 分/处		
		气源组件	10	安装尺寸超过±1mm，2 分/处		
气路连接	25	元件选择	10	电磁阀与图纸不符，1 分/处		
		气路连接	5	漏接、脱落、漏气，0.5 分/处		
		气路工艺	10	布局不合理扣 1 分，零乱，扣 1 分；没有绑扎，扣 1 分		
电路连接	25	元件选择	10	元件选择与试题不符，1 分/处		
		连接工艺	10	连接不牢、露铜超过 2mm，同一接线端子上连接导线超 2 条，1 分/处		
		编号管	5	导线未套编号管，0.5 分/处，套管不标号，0.5 分/处		
电路图	10	制图规范	2	制图草率，手工画图扣 2 分		
		元件使用	3	元件选择与要求不符，0.5 分/处		
		图形符号	2	图形符号不按统一的规定，0.5 分/处；没有元件说明，扣 0.2 分/处		
		原理正确	3	不能实现要求的功能、可能造成设备或元件损坏，漏画元件，1 分/处		

安全操作评分表

序号	考核项目	考核要求	配分	评分标准	扣分
1	职业与安全意识	完成工作任务的所有操作是否符合安全操作规程	5	符合要求5分，基本符合要求3分，一般1分	
2		工具摆放、包装物品、导线线头等的处理，是否符合职业岗位的要求	3	符合要求3分，有2处错1分，2处以上错0分	
3		遵守赛场纪律，爱惜赛场的设备和器材，保持工位的整洁	2	做到得2分，未做到扣2分	
违规从总分中扣除					

拓展练习

当供料平台有工件并按下启动按钮时→悬臂伸出→手臂下降→手指合拢抓取工件→手臂上升→悬臂缩回→机械手向右转动→悬臂伸出→手臂下降→手指松开，工件掉在处理盘内→手臂上升→悬臂缩回→机械手左转回原位后停止。按下停止按钮，一个循环结束后才能停止。

任务二 传送带的安装与调试

任务描述

对传送带进行安装与调试，可实现不同工件的分拣：首先要在初始状态，传送带及三个推料气缸不动作。按下启动按钮SB3后，工件放入皮带输送机入料口内，有两种分拣方式。

(1) 分拣方式一：当转换开关SA1置于“左”位置，启动分拣方式一，皮带输送机有物料，则传送带以35Hz的速度输送物料，根据物料性质，分别控制相应气缸动作，对物料进行分拣。分拣顺序为一号滑槽放金属工件；二号滑槽放白色工件；三号滑槽放黑色工件。当分拣工件时，传送带停止运行。

(2) 分拣方式二：当转换开关SA1置于“右”位置，启动分拣方式二，启动后，在第一出料斜槽实现“金属/白色塑料”装配，不符合装配要求的金属工件和白色工件推入第二出料斜槽，黑色塑料工件推入第三出料斜槽。只有当传送带无物时，机械手才能将工件放入落料口。

(3) 停止：按下停止按钮SB4时，应将当前工件推料斜槽，并且回到初始位置后，设备才能停止。

任务分析

首先根据图纸在实训台上安装传送带的机械部件。然后根据控制要求，画出电气控制原理图并接线。对照气动系统图连接气路。最后根据控制要求编写PLC程序、设置变频器参数，并调试设备的 PLC 程序以达到工作过程要求。

知识准备

一、传送带的安装

（1）传送带支架与安装台台面垂直，不倾斜。固定螺钉之间的距离应尽量大。如图 4-2-1 所示。

（2）调节传送带后，应使调节螺钉水平，调节螺钉支架与传送机机架的连接螺钉拧紧且上侧面与机架平齐。如图 4-2-2 所示。

（3）传送机主副辊轴平行，传送带松紧适度，运行时不跑偏。如图 4-2-3 所示。

图 4-2-1 传送带支架的安装

图 4-2-2 调节螺钉支架的安装

图 4-2-3 传送机主副辊轴的安装

（4）电动机轴轴线与传送机主辊轴轴线应为同一水平直线，运行时传送带和电动机无跳动。如图 4-2-4 所示。

（5）出料槽与传输送机支架结合处要平滑，无缝隙，不影响物料进入出料槽。如图 4-2-5 所示。

（6）传送机上出料气缸安装孔的中心线与传感器支架上推头出入孔的中心线应在同一水平线上，不能上下、左右偏移，影响气缸活塞杆的运动。如图 4-2-6 所示。

图 4-2-4 电动机轴轴线与传送机主辊轴的调整

图 4-2-5 出料槽的安装

图 4-2-6 出料气缸安装孔的安装

（7）传送机机架安装高度，从机架的前后左右四个位置测量，最大尺寸与最小尺寸的差不大于 1mm。

二、顺序功能图（SFC）编程

1. 选择序列结构

选择序列有开始和结束之分。选择序列的开始称为分支，选择序列的结束称为合并。选择序列的分支是指一个前级步后面紧接着有若干个后续步可供选择，各分支都有各自的转换条件。分支中表示转换的短画线只能表在水平线之下。

如图 4-2-7 所示为选择序列的分支。假设步一为活动步，如果转换条件 b 成立，则步一向步二实现转换；如果转换条件 c 成立，则步一向步三转换；如果转换条件 d 成立，则步一向步四转换。分支中一般只允许选择其中一个序列。

选择序列的合并是指几个选择分支合并到一个公共序列上。各分支也都有各自的转换条件，转换条件只能标在水平线之上。

图 4-2-8 所示为选择序列的合并。如果步五为活动步，转换条件 a 成立，则由步五向步八转换；如果步六为活动步，转换条件 b 成立，则由步六向步八转换；如果步七为活动步，转换条件 c 成立，则由步七向步八转换。

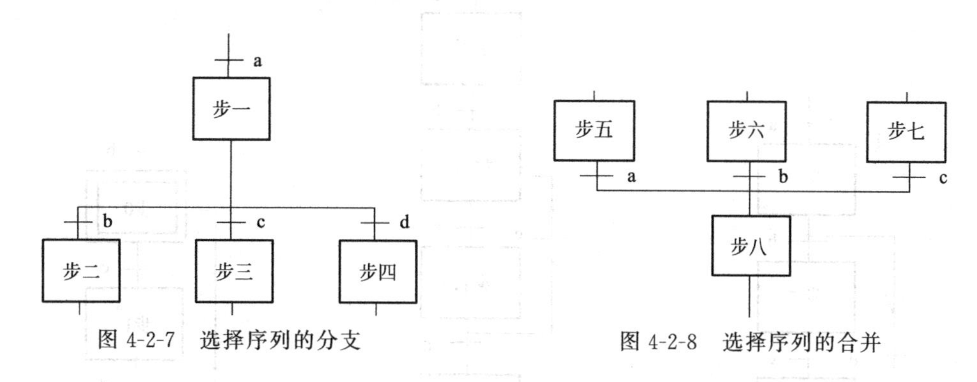

图 4-2-7　选择序列的分支　　图 4-2-8　选择序列的合并

2. 并行序列结构

并行序列也有开始和结束之分。并行序列的开始也称为分支，并行序列的结束也称为合并。

图 4-2-9 所示为并行序列的分支。当转换实现后将同时使多个后续步激活。为了强调转换的同步实现，水平连线用双线表示。如果步一为活动步，且转换条件 a 成立，则步二、步三、步四同时变成活动步，而步一变为不活动步。

注意：当步二、三、四被同时激活后，每一序列接下来的转换将是独立的。

图 4-2-10 所示为并行序列的合并。当直接连在双线上的所有前级步五、六、七都为活动步，且转换条件 b 成立时，才能使转换实现。即步八变为活步，而步五、六、七均变为不活步。

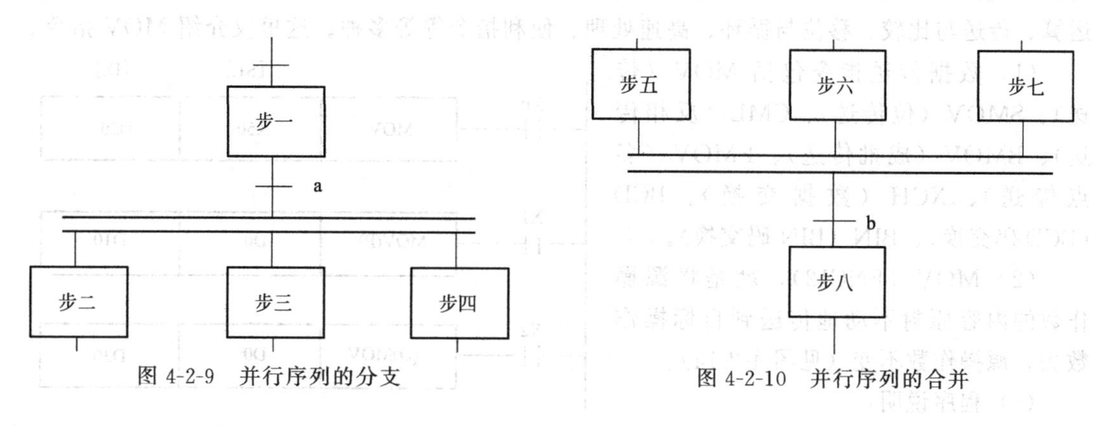

图 4-2-9　并行序列的分支　　图 4-2-10　并行序列的合并

3. 跳步、重复和循环序列结构

跳步、重复和循环序列结构实际上都是选择序列结构的特殊形式。

如图 4-2-11 所示为跳步序列结构。当步一为活动步时，如果转换条件 d 成立，则跳过步二直接进入步三。

如图 4-2-12 所示为重复序列结构。当步七为活动步时，如果转换条件 d 不成立而条件 e 成立，则重新返回步六，重复执行步六和步七，直到转换条件 d 成立，重复结束，转入步八。

如图 4-2-13 所示为循环序列结构。即在序列结束后，用重复的办法直接返回初始步形成系统的循环。

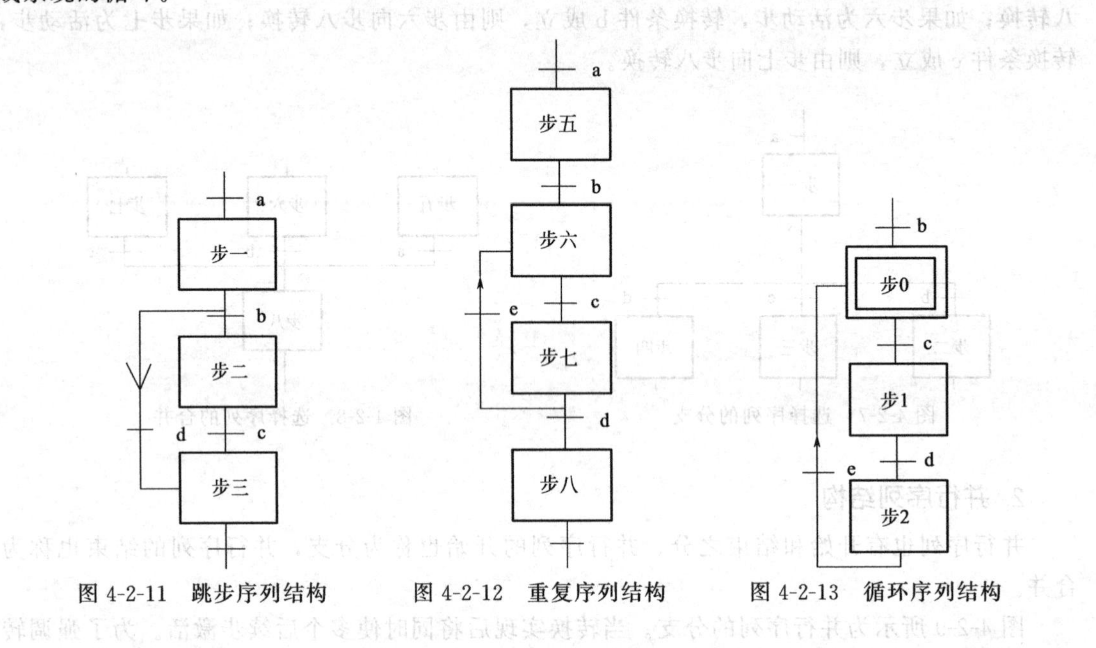

图 4-2-11 跳步序列结构　　图 4-2-12 重复序列结构　　图 4-2-13 循环序列结构

在实际控制系统中，顺序功能图往往不是单一的含有上述某一种序列结构，而经常是上述各种序列结构的组合。

三、传送指令

PLC 功能指令，又称为应用指令，各指令有特定编号和对应的助记符，能完成指定的功能，主要用于程序控制和工业过程控制以及网络通信方面。可分为程序控制、算术与逻辑运算、传送与比较、移位与循环、高速处理、便利指令等等多种。这里仅介绍 MOV 指令。

(1) 数据传送指令包括 MOV（传送）、SMOV（位传送）、CML（反相传送）、BMOV（成批传送）、FMOV（多点传送）、XCH（数据交换）、BCD（BCD 码交换）、BIN（BIN 码交换）。

(2) MOV（FNC12），就是将源操作数的内容原封不动地传送到目标操作数去，源操作数不变（见图 4-2-14）。

(3) 程序说明：

① 当 X0 闭合时，执行连续执行型

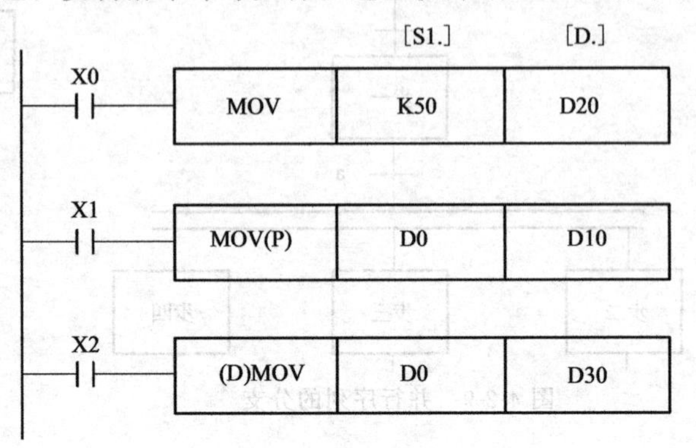

图 4-2-14 传送指令的应用

16 位传送指令，每来一次扫描脉冲，将十进制数 50 转换为二进制后传送一次给 D20，当 X0 断开时，不执行传送指令。

② 当 X1 闭合时，执行脉冲执行型 16 位传送指令，指令只执行一次将 D0 的内容传送给 D10。

③ 当 X2 闭合时，执行连续执行型 32 位传送指令。将 D1、D0 的内容传送到 D31、D30。

(4) 源操作数的类型可为：K、H、KnX、KnY、KnM、KnS、T、C、D、V、Z。目标操作数的类型可为：KnY、KnM、KnS、T、C、D、V、Z。

注意：使用时不能采用在指定范围以外的数据类型。

任务实施

一、绘制电气原理图

1. 确定输入输出点数

(1) 输入点数

根据控制要求，共需要 10 个传感器检测信号，还需要转换开关、启动按钮、停止按钮 3 个开关信号，所以一共有 13 个输入信号，即输入点数为 13。

(2) 确定输出点数

根据控制要求，皮带输送机需要一个转速，编程时需要两个转向，即正转运行与反转运行，变频器需要 3 个控制信号，电磁阀控制信号 3 个，所以共需 6 个输出端子。

2. 列出 PLC 输入输出地址分配表

根据输入、输出点数分配输入、输出地址。如表 4-2-1。

表 4-2-1　PLC 输入输出地址分配表

输　入			输　出	
序号	地址	说明	地址	说明
1	X0		Y0	
2	X1	启动按钮 SB3	Y1	推料气缸 A
3	X2	停止按钮 SB4	Y2	推料气缸 B
4	X3	转换开关 SA1	Y3	推料气缸 C
5	X4	传送物料检测传感器	Y4	变频器 STF
6	X5	传送带上电感式传感器	Y5	变频器 STR
7	X6	光纤传感器	Y6	变频器 RH
8	X7	光纤传感器	Y7	
9	X10	气缸 A 前限	Y10	
10	X11	气缸 A 后限	Y11	
11	X12	气缸 B 前限	Y12	
12	X13	气缸 B 后限	Y13	
13	X14	气缸 C 前限	Y14	
14	X15	气缸 C 后限		

3. 绘制电气控制原理图

根据控制要求和列出的PLC输入输出地址分配表，绘制电气控制原理图。如图4-2-15所示。

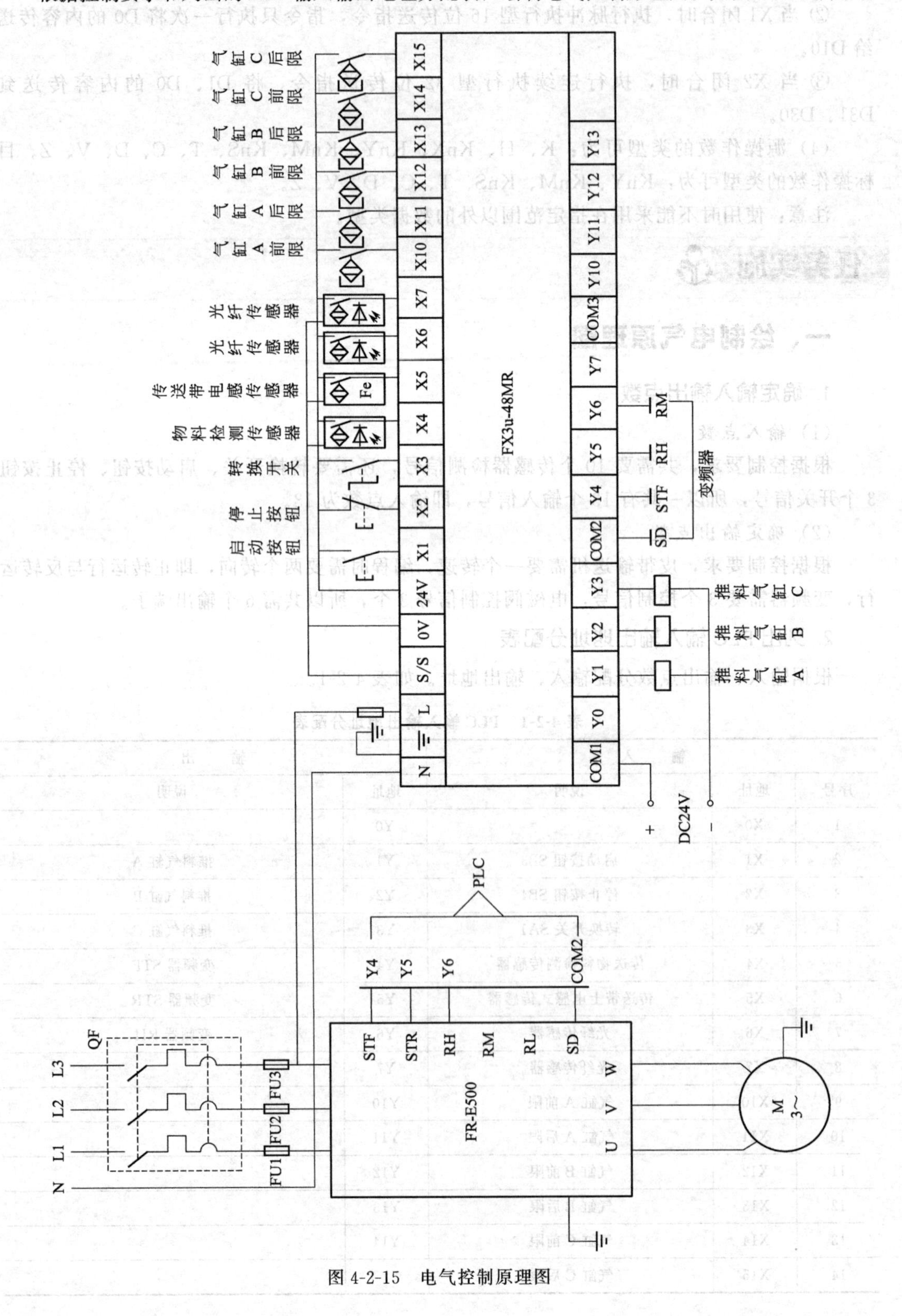

图4-2-15 电气控制原理图

二、安装

按照图 4-2-16 所示机械部件安装图安装各机械部件，根据图 4-2-17 所示气动系统图连接气路。根据绘制的电气原理图进行接线。安装电路时，应遵循以下要求：

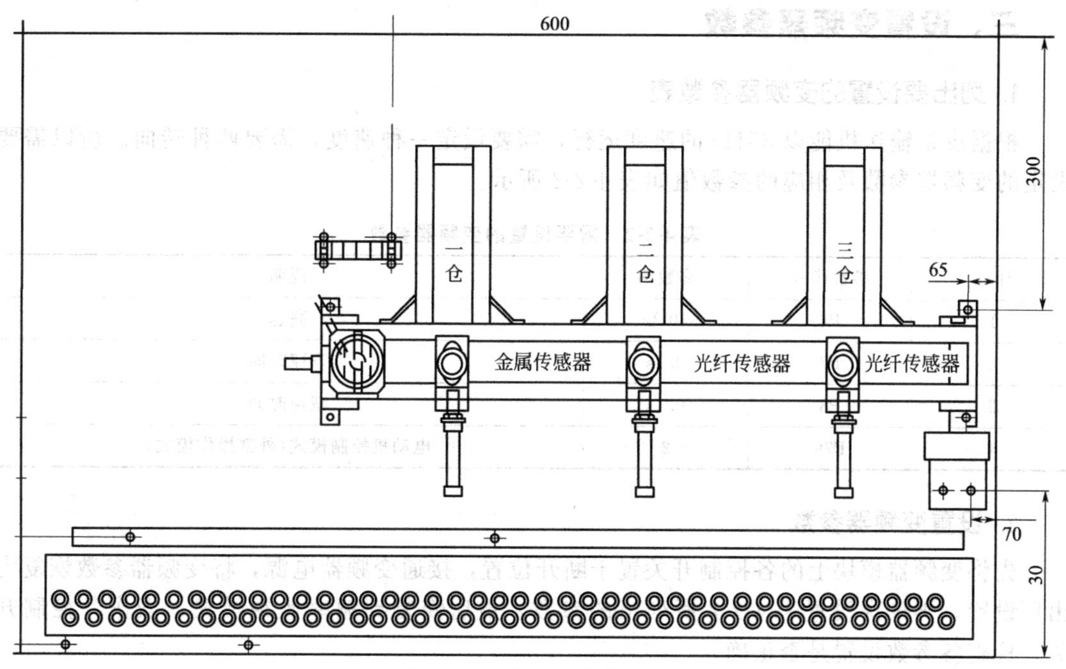

图 4-2-16　机械部件安装图

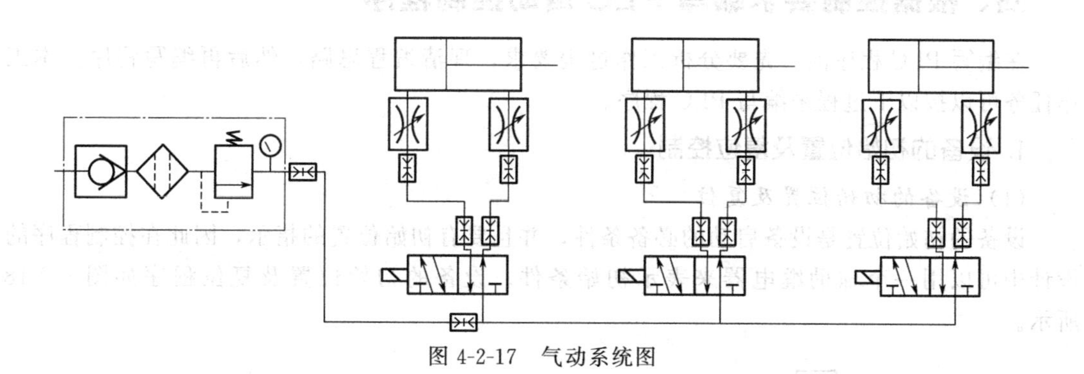

图 4-2-17　气动系统图

(1) 传感器芯线的绝缘层应完好，不能有损伤。不用芯线应剪掉，做好绝缘，不可裸露。

(2) 传感器芯线进入行线槽应与线槽垂直，且不交叉。

(3) 光纤布线时，转角弯曲时的曲率半径应不小于 100mm。

(4) 传感器护套线的护套层，应放在行线槽内，只有线芯从行线槽出线孔内穿出。

(5) 与端子排连接的导线（包括传感器的芯线），应做冷压端子并套上热塑管，与端子排连接时不可露出导体。

(6) 所有与接线柱、接线端子连接的导线，都应套长度一致的号码管，号码管上的字迹清楚，排列方向一致且便于观看。

(7) 从行线槽出线孔穿出的导线，最多只能两条。行线槽与接线端子排之间的导线，不能交叉。

(8) 交流电动机的电源线不能放入信号线的线槽，电源线应做冷压端子套上热塑管和编号管后再连接在端子排的接线端子上。

三、设置变频器参数

1. 列出要设置的变频器参数表

根据皮带输送机能以35Hz的速度运行，需要设定一种速度，需要两种转向。所以需要设定的变频器参数及相应的参数值如表4-2-2所示。

表4-2-2 需要设置的变频器参数

序号	参数代号	参数值	说明
1	P4	30Hz	高速
2	P7	0.1s	升速时间
3	P8	0.1s	减速时间
4	P79	2	电动机控制模式(外部操作模式)

2. 设置变频器参数

先将变频器模块上的各控制开关置于断开位置，接通变频器电源，将变频器参数恢复为出厂设置，再依次设置表4-2-2所列出的参数，最后恢复到频率监视模式，操作各控制开关，检查各参数设置是否正确。

四、根据控制要求编写PLC自动控制程序

在编写PLC程序前，先要分析工作过程要求，理清编程思路，然后再编写程序。本工作任务可以按以下过程来编写PLC程序。

1. 设备的初始位置及复位控制

(1) 设备的初始位置及复位

设备的初始位置是设备启动的必备条件，并且要有初始位置的指示，因此在控制程序的设计中可以用一个辅助继电器来表示初始条件。设备的初始位置及复位程序如图4-2-18所示。

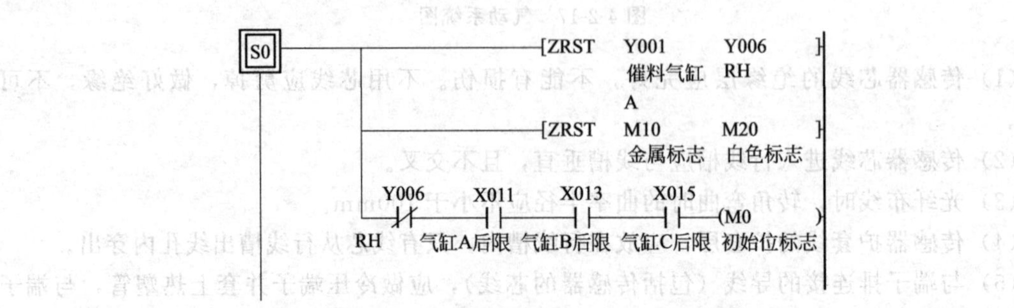

图4-2-18 设备的初始位置及复位程序

若设备在启动前不在初始位置，则要求自行选择一种方式复位。机电一体化设备的复位方式很多，有PLC上电自动复位，通过操作一个按钮使设备自动复位，通过手动操作每个

动作使设备一步一步复位等，由于本控制比较简单，所以选用自动复位，当设备不在正常工作过程中时，PLC上电自动复位。

(2) 设备的启动

设备的启动程序在梯形图块中编辑。如图 4-2-19 所示。

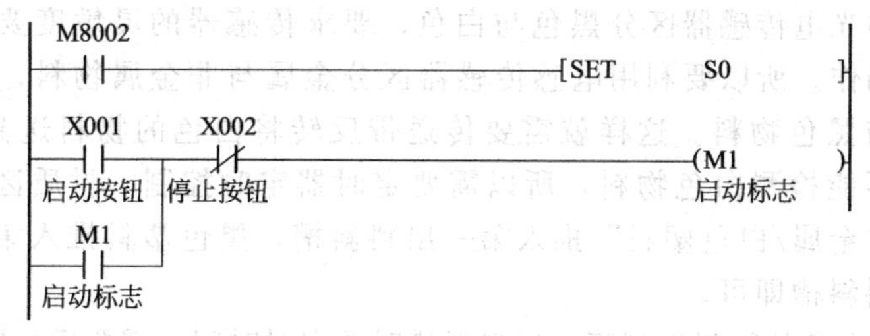

图 4-2-19　设备的启动程序

2. 工作方式一

分拣顺序为一号滑槽放金属工件；二号滑槽放白色工件；三号滑槽放黑色工件。安装时一号滑槽上的传感器为金属传感器；二号滑槽上的传感器为光纤传感器，调节其灵敏度，使其只能检测白色工件；三号滑槽上的传感器为光纤传感器，调节其灵敏度，使其检测黑色工件；程序如图 4-2-20 所示。

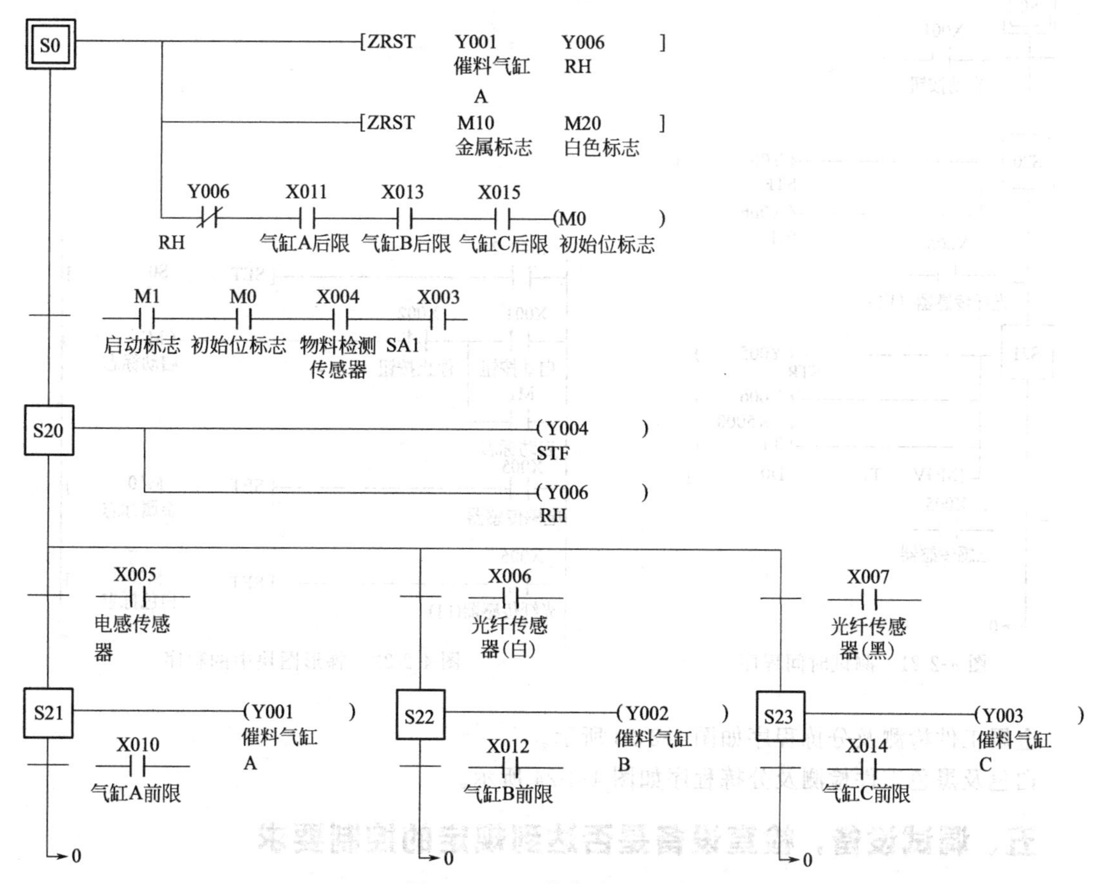

图 4-2-20　工作方式一的程序

3. 工作方式二

要求启动后，在第一出料斜槽实现“金属/白色塑料”装配，不符合装配要求的金属工件和白色工件推入第二出料斜槽，黑色塑料工件推入第三出料斜槽，所以当传送带上有物料后，就要先判断出是什么材质。由于在第一个传感器处就要区分出物料的材质，如果利用落料口的光电传感器区分黑色与白色，要求传感器的灵敏度要非常高，普通传感器容易造成误动作。所以要利用电感传感器区分金属与非金属物料，利用第一个光纤传感器区分白色与黑色物料。这样就需要传送带反转将白色的物料送到第一出料斜槽，由于电感传感器不能检测白色物料，所以需要定时器定时控制。材质区分好后，就只要按照符合条件的“金属/白色塑料”推入第一出料斜槽，黑色塑料推入第三出料斜槽，其余的推入第二出料斜槽即可。

传送带反转将白色的物料送到第一出料斜槽时的定时时间，需要用金属工件来测定。测试时间程序如图 4-2-21 所示。

D0 里的数就是定时时间。记住定时时间后（也可以在定时器中直接用 D0），上面的程序就可以删掉了。

方式二的程序如下：

梯形图块中的程序如图 4-2-22 所示，主要作用是区分金属工件及白色工件。

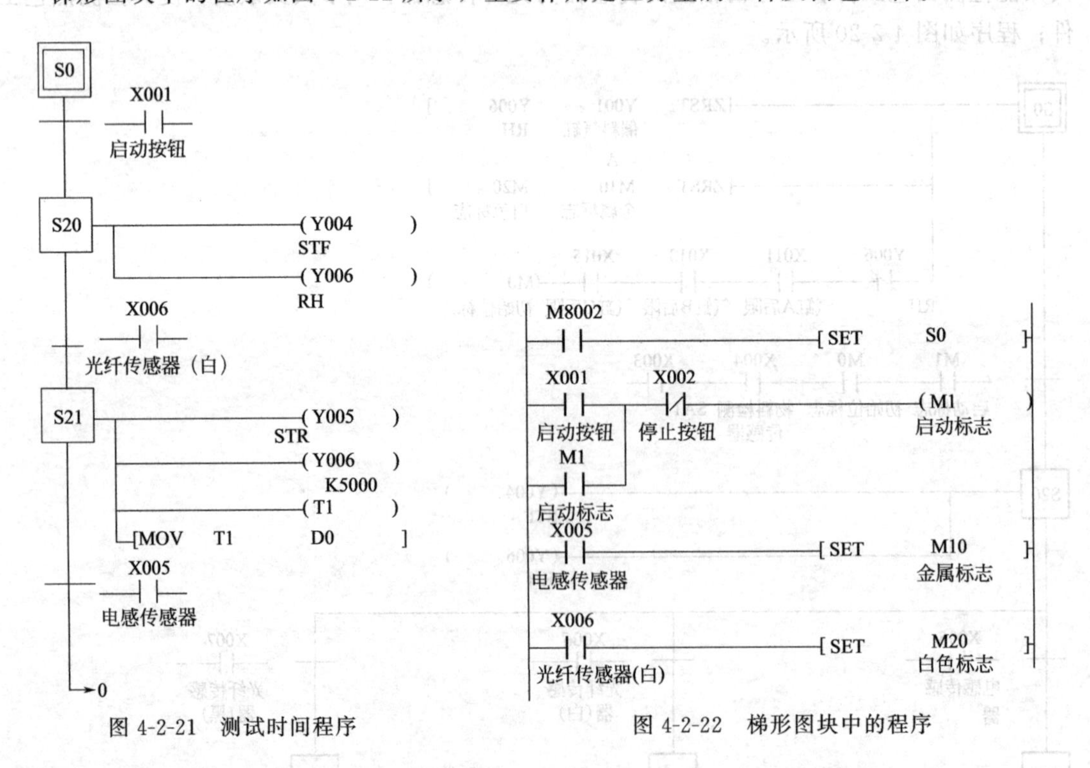

图 4-2-21 测试时间程序

图 4-2-22 梯形图块中的程序

金属工件检测及分拣程序如图 4-2-23 所示。

白色及黑色工件检测及分拣程序如图 4-2-24 所示。

五、调试设备，检查设备是否达到规定的控制要求

电路和变频器的参数在前面已经调试过，所以重点是 PLC 控制功能的调试。可以按工作过程操作相应的动作，检查各项功能要求是否符合工作任务描述。

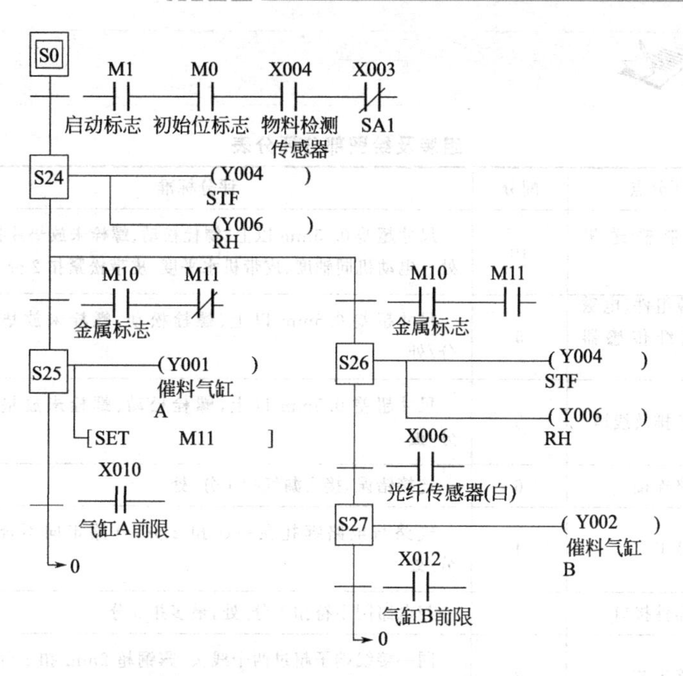

图 4-2-23 金属工件检测及分拣程序

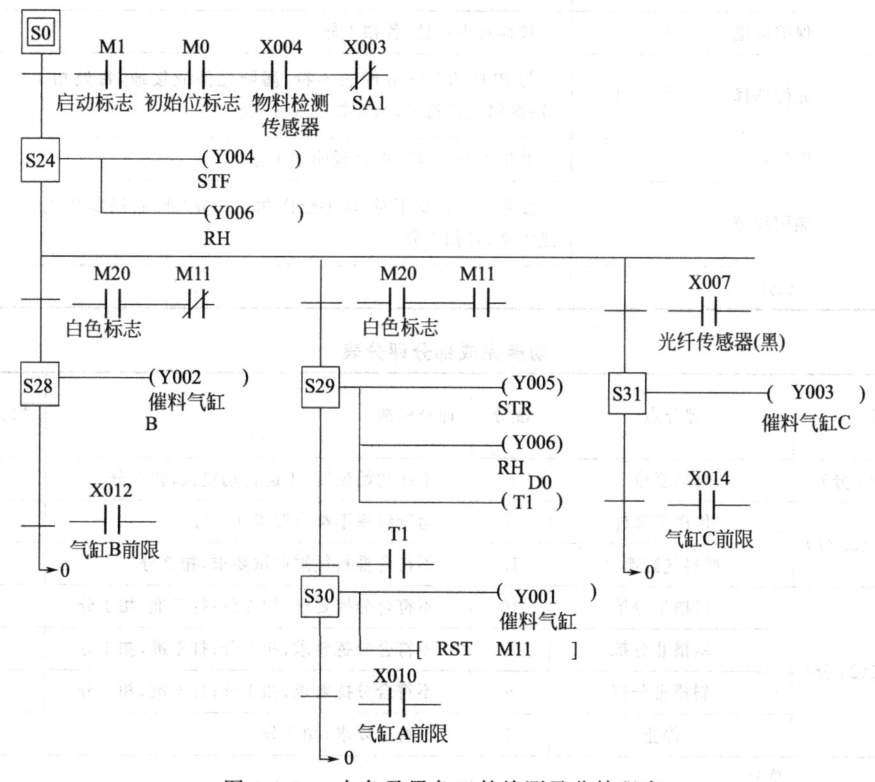

图 4-2-24 白色及黑色工件检测及分拣程序

（1）检查气路的连接。

（2）检查机械装配情况。

（3）检查电路的连接。

（4）PLC 通电进行功能调试。

任务评价

组装及绘图部分评分表

项目	评分点	配分	评分标准	扣分	得分
部件组装（20分）	皮带输送机安装	10	尺寸超差0.5mm以上、螺栓松动、螺栓未放垫片扣1分/处。电动机同轴度、皮带机水平度、皮带松紧扣2分		
	气源组件、电磁阀、光纤传感器安装	5	尺寸超差0.5mm以上、螺栓松动、螺栓未放垫片扣1分/处		
	端子排及线槽	5	尺寸超差0.5mm以上，螺栓松动、螺栓未放垫片扣1分/处		
气路连接（10分）	气路连接	6	连接错误，接头漏气扣1分/处		
	连接工艺	4	气路与电路绑扎在一起扣2分，气路走向不合理扣1分/处		
电路连接（10分）	元器件接口	5	与电路图不符扣1分/处，最多扣5分		
	连接工艺	3	同一接线端子超过两个线头、露铜超2mm扣1分/处，最多扣3分		
	保护接地	2	接地每少一处，各扣1分		
电路图绘制（10分）	元件选择	4	与PLC的I/O分配表不符、漏画元件或接地，每处扣1分；画错元件符号，每处扣0.5分/处		
	图形符号	3	非推荐符号没有图例说明扣1分/处		
	制图规范	3	图形符号比例不对、徒手绘图扣0.5分/处，布局零乱、字迹潦草，各扣1分		
总分					

功能完成部分评分表

项目	评分点	配分	评分标准	扣分	得分
初始位置（5分）	自动复位	5	不在初始位置，不能自动复位，扣5分		
工作方式一（20分）	传送带部件	5	运行频率不符合要求扣5分		
	推料气缸部件	15	不符合推料气缸调试要求，扣2分		
工作方式二（25分）	斜槽Ⅰ分拣	10	不符合分拣要求，扣5分；打不准，扣1分		
	斜槽Ⅱ分拣	5	不符合分拣要求，扣1分；打不准，扣1分		
	斜槽Ⅲ分拣	5	不符合分拣要求，扣1分；打不准，扣1分		
	停止	5	不符合要求，扣5分		
总分					

拓展练习

对传送带进行安装与调试，可实现不同工件的分拣：首先要在初始状态，传送带及三个推料气缸不动作。按下启动按钮SB3后，工件放入皮带输送机入料口内，有两种分拣方式。

（1）分拣方式一：当转换开关 SA1 置于“左”位置，启动分拣方式一，皮带输送机有物料，则传送带以 35Hz 的速度输送物料，根据物料性质，分别控制相应气缸动作，对物料进行分拣。分拣顺序为一号滑槽放金属工件；二号滑槽放白色工件；三号滑槽放黑色工件。当分拣工件时，传送带停止运行。

（2）分拣方式二：当转换开关 SA1 置于“右”位置，启动分拣方式二，启动后，在第一出料斜槽实现“金属/白色塑料”装配，不符合装配要求的金属工件和白色工件推入第二出料斜槽，黑色塑料工件推入第三出料斜槽。只有当传送带无物时，机械手才能将工件放入落料口。

（3）停止：按下停止按钮 SB4 时，应将当前工件推料斜槽，并且回到初始位置后，设备才能停止。

（4）传送带工作异常报警：在分拣方式二工作时，工件到达皮带输送机上 10s 内没有推入出料斜槽，则说明皮带输送机运行有故障，则设备停止工作，蜂鸣器鸣叫报警，此时按下复位按钮后，蜂鸣器报警解除，解除报警 20s 内，操作任何操作按钮都无效，只有在 20s 后(表示故障排除后)，才能操作设备。

项目五

机电一体化设备的调试技术

知识目标

1. 掌握机电一体化设备安装调试的一般方法。
2. 理解掌握 SFC 编程方法。
3. 掌握机械安装及电气接线的工艺要求。

技能目标

1. 掌握气动元件及传感器的安装接线及工艺。
2. 掌握机电一体化设备的安装步骤及工艺。
3. 掌握机电一体化设备的调试步骤及方法。

项目概述

本项目是一个综合应用项目，包括对供料机构、机械手搬运机构、分拣机构等模块进行组合应用；通过完成本项目的工作任务，学会常见启、停控制方式的包含触摸屏、变频器等的机电一体化设备的安装与调试。现以 YL-235A 光机电一体化设备为例，进行讲解。

任务描述

有一零件加工和分拣设备，组装图及气动系统图如图 5-1 及图 5-2 所示。工作过程及其要求是：

1. 设备的初始位置

启动前，设备的运动部件必须在规定的位置，这些位置称作初始位置。有关部件的初始位置是：

机械手的旋转气缸靠在左限止位置，手臂气缸的活塞杆上升，悬臂气缸的活塞杆缩回，手指松开。所有推手气缸活塞杆缩回，送料盘、皮带输送机的拖动电动机不转动。

上述部件在初始位置时，指示灯 HL1 长亮。只有上述部件在初始位置时，设备才能启动。若上述部件不在初始位置，指示灯 HL1 不亮，上电自动复位。

2. 正常工作过程

接通设备的工作电源，工作台上的红色警示灯闪亮，指示电源正常。

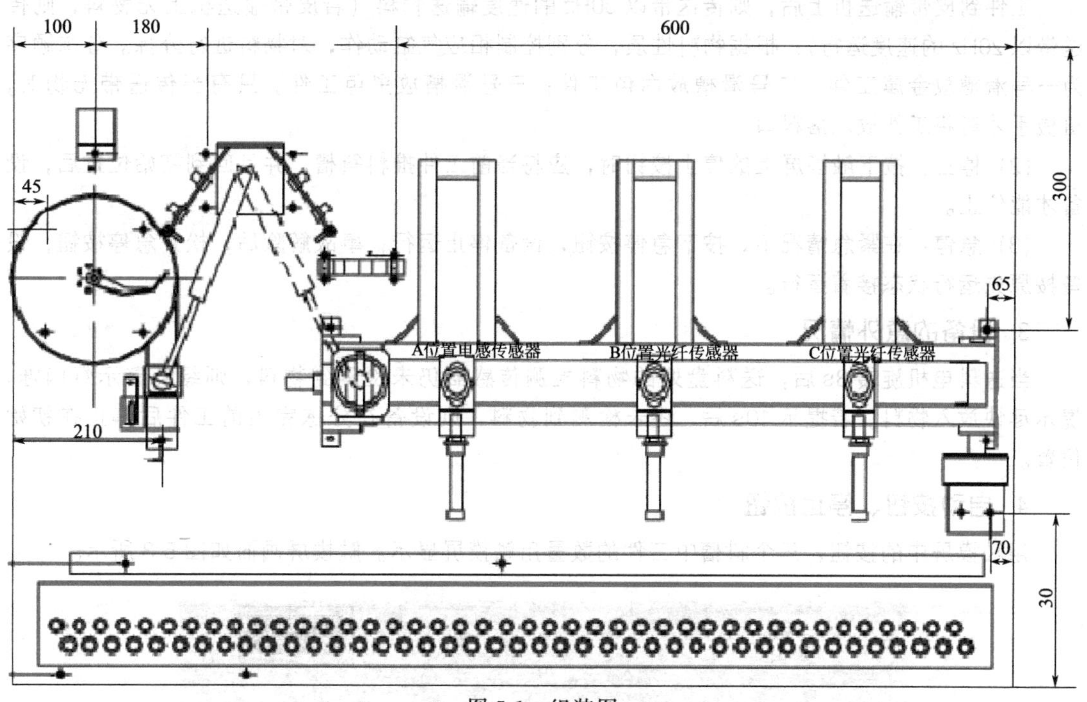

图 5-1 组装图

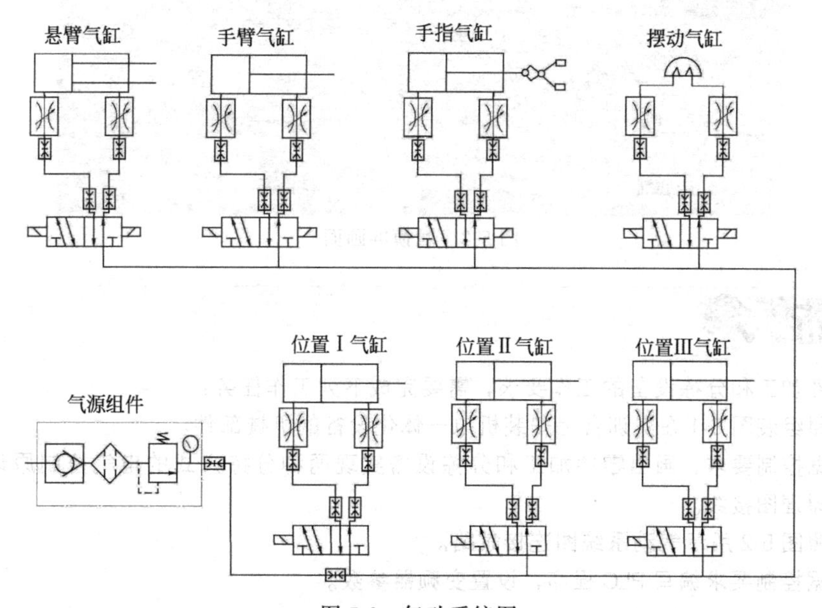

图 5-2 气动系统图

(1) 启动、工作：若设备在初始位置，按下触摸屏上的启动按钮，设备开始工作，送料电机驱动放料盘旋转，物料从送料槽被推到物料抓取位置；当物料检测传感器检测到有物料，发出信号，送料电机停止，同时机械手悬臂伸出→手臂下降→手指合拢抓取工件→手臂上升→悬臂缩回→机械手向右转动→悬臂伸出→手臂下降→手指松开，工件放入皮带输送机入料口内→悬臂缩回→机械手转回原位后再重复上述过程。

设备在工作过程中，HL1 以 1Hz 频率闪烁。

工件到皮带输送机上后，则传送带以30Hz的速度输送物料（若皮带输送机上无物料，则传送带以20Hz的速度运行）；根据物料性质，分别控制相应气缸动作，对物料进行分拣。分拣顺序为一号滑槽放金属工件；二号滑槽放白色工件；三号滑槽放黑色工件。只有当传送带无物时，机械手才能将工件放入落料口。

（2）停止：按下触摸屏上的停止按钮时，应将当前工件推料斜槽，并且回到初始位置后，设备才能停止。

（3）急停：在紧急情况下，按下急停按钮，设备停止运行；事故解除后，松开急停按钮，设备按原先运行状态接着运行。

3. 设备的意外情况

当送料电机旋转8s后，送料盘处的物料检测传感器仍未检测到物料，则绿色警示灯闪烁，提示尽快放入物料。若提示10s后，还未检测到物料，则设备在分拣完当前工件后停止在初始位置。

4. 启动按钮、停止按钮

用触摸屏中的按钮，三个斜槽中工件的数量用触摸屏显示。触摸屏画面如图5-3所示。

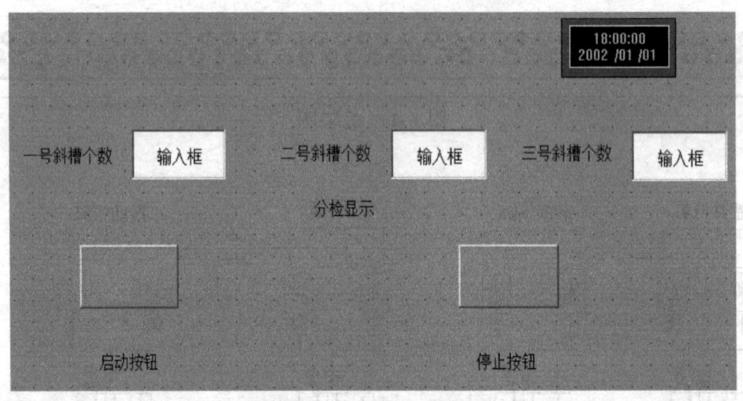

图5-3 触摸屏画面

任务分析

根据零件加工和分拣设备的工作要求，需要完成下列工作任务：

（1）按照组装图5-1在实训台上安装机电一体化设备的机械部件。

（2）根据控制要求，画出零件加工和分拣设备实现两种分拣方式的电气控制原理图。并根据电气控制原理图接线。

（3）按照图5-2所示气动系统图连接气路。

（4）根据控制要求编写PLC程序，设置变频器参数。

（5）调试设备的PLC程序以达到工件过程要求。

知识准备

一、机电一体化设备的机械部件组装及调试方法

1. 按照下列要求完成的组装

（1）根据工艺标准安装设备机械结构，要求各部件位置准确，安装可靠；

（2）按照接线工艺进行接线，并穿号码管；

（3）按照控制要求分配电磁阀的控制对象，并按系统气动图连接气动回路。

2. 按照下列方法完成对设备的调试

（1）检查机械结构安装是否到位，有无松动；

（2）检查机械安装位置是否准确，保证机械手准确取物、准确搬运、准确放物，保证三个气缸能够准确将物料推入各自对应的料槽；

（3）打开气源，通过电磁阀上的手动控制按钮来检查各气缸动作是否顺畅，通过调节各气缸两端的截流阀使它的动作平稳、速度匀称；

（4）按照工艺要求检查设备电气线路安装情况，注意细节上的规范；

（5）设备调试结束后，把安装时所留下的垃圾清理干净，安装时使用的工具整理整齐，摆放在自己的工具箱内。

二、接线要求及流程

1. 接线要求

连接导线型号、颜色选用正确；电路各连接点连接可靠、牢固，外露铜丝不超过 2mm；接入接线排的导线都需要编号，并套好号码管；号码管长度应一致，编号工整、方向一致；同一接线端子的连接导线不超过两根。

2. 接线流程

首先从线架上取下黑色的连接线，将送料电机蓝色接线、信号灯上的蓝色接线、电磁阀的黄色接线在工作台的接线排上通过串联方式进行连接，引出输出控制电源接线；磁性开关的蓝色接线以及三线制的传感器的蓝色接线在工作台的接线排上通过串联方式进行连接，引出输入控制电源接线；再将信号灯的棕色正电源线与三线制传感器上的棕色电源线通过串联的方式连接，引出输入控制电源接线。以上两组接线分别引出接线连接到 PLC 的输入 COM 点上，引出正电源线连接到 PLC 的 24V 电源接线端上。

将按钮模块上需要使用的启动按钮、复位按钮、停止按钮、急停开关等控制元件的上端黑色端子通过串联的方式连接到 PLC 输入的 COM 点上；电源指示灯、复位指示灯、启动指示灯、蜂鸣器等元器件的一端、PLC 输入点的 COM 点以及工作台上接地线串连到 0V 上，将电源指示灯一端和工作台上火线端，以及输出点的 COM 点串联到＋24V 上，然后将电源模块上的三相电连接到变频器上，以及变频器上的 U、V、W、接地线连接到传送带电机上，最后从线架上取下黄色和绿色的连接线，根据编程时使用的输入、输出口地址表分别连接好。

三、电气检查步骤

步骤一：接线完成后，接通电源电检查按钮模块、PLC 模块以及变频器模块电源是否正常。

步骤二：观察检测到气缸位置的两线传感器是否有信号，检测三线传感器是否能正常工作。

步骤三：拿出三个不同的工件，根据任务要求调节用于物料分拣的三个传感器的位置和灵敏度满足分拣要求。

步骤四：拨动变频器正反转手动开关，检查变频器工作是否正常，并观察安装好的传送带电机的同轴度（若电机或者传送带上的推料气缸晃动，说明同轴度没对好，断电后进行调节）。

四、设备的功能调试与检查

1. 气路检查

（1）打开气源，调节调压阀的调节旋钮，使气压为0.4～0.6MPa。

（2）检查通气后所有气缸能否回到项目要求的初始位置。

（3）观察是否有漏气现象，若漏气，则关闭气源，查找漏气原因并排除。

（4）调节气缸运动速度，使各推料气缸运动平稳无振动和冲击；推料动作可靠，且伸缩速度基本保持一致。

2. 传感器检查

（1）检查落料口的光电传感器能否可靠检测从落料口放下来的物料。

（2）检查电感传感器能否检出所有从传送带上通过的金属物料；第一个光纤传感器能否检出所有从传送带上通过的白色物料；第二个光纤传感器能否检出所有从传送带上通过的物料。

（3）检查各磁性开关能否在推料气缸动作到位时按要求准确发出信号。

对于工作不符合要求的传感器应及时进行位置和灵敏度调节，确保其符合设备检测的需要。

3. 皮带输送机运行检查

（1）操作变频器模块上的手动开关，检查皮带输送机的运行和变频器的参数设置是否正确。

（2）皮带输送机运行顺畅平稳、无振动和噪声，电动机无严重发热现象。

任务实施

一、根据组装图及系统气路图完成自动搬运分拣设备的组装和气路连接

二、完成自动搬运分拣系统电气回路的设计和连接

（1）分配PLC输入输出点。

① 根据动作过程，所用检测传感器占用的输入点数为18个；急停需要1个，共计19个输入点。

② 根据工作过程和气动系统图，可以确定完成自动搬运分拣系统所需要的输出有以下几种。

a. 送料电机运行，需要1个输出。

b. 机械手动作有机械悬臂前伸、后退，手臂上升、下降，手指抓紧、松开，机械手左摆、右摆，共需要8个输出。

c. 推手动作：A气缸、B气缸、C气缸动作，共需要3个输出。

d. 皮带输送机运行：变频器共需要3个控制端，占3个输出。

e. 指示：包括HL1、绿色警示灯，共需要2个输出。

由以上分析可知，完成自动搬运分拣系统共需要占用PLC的输出点数17个。

③ 列出 PLC 输入输出地址分配表。

17 个输出中，除了控制变频器运行的 3 个点及绿色警示灯的 1 个点不能用 DC24V 电源外，其余都用按钮模块上的 DC24V 电源来驱动，所以输出需要分为两类，控制变频器的 4 个输出点、绿色警示灯的 1 个点不能与其他的输出点共用 COM。列出 PLC 输入输出地址分配表，如表 5-1 及表 5-2 所示。

表 5-1 PLC 输入地址分配表

序号	输入地址	说明	序号	输入地址	说明
1	X0	转盘物料检测(光电)	13	X14	A 位置伸出到位
2	X1	进料口位置光电开关	14	X15	A 位置缩回到位
3	X2	A 位置电感接近开关	15	X16	B 位置伸出到位
4	X3	B 位置光纤开关	16	X17	B 位置缩回到位
5	X4	C 位置光纤开关	17	X20	C 位置伸出到位
6	X5	旋转缸左到位	18	X21	C 位置缩回到位
7	X6	旋转缸右到位	19	X22	急停按钮 QS
8	X7	悬臂伸出到位	20	X23	
9	X10	悬臂缩回到位	21	X24	
10	X11	手臂上升到位	22	X25	
11	X12	手臂下降到位	23	X26	
12	X13	手指夹紧到位			

表 5-2 PLC 输出地址分配表

序号	输出地址	说明	序号	输出地址	说明
1	Y0	皮带正转	13	Y14	A 位置气缸伸出
2	Y1	RH 速度控制 1	14	Y15	B 位置气缸伸出
3	Y2	RM 速度控制 2	15	Y16	C 位置气缸伸出
4	Y3	警示灯绿	16	Y17	指示灯 HL1
5	Y4	手指缸夹紧	17	Y20	直流电机
6	Y5	手指缸松开			
7	Y6	旋转缸左转			
8	Y7	旋转缸右转			
9	Y10	悬臂伸出			
10	Y11	悬臂缩回			
11	Y12	手臂上升			
12	Y13	手臂下降			

(2) 根据地址分配情况设计出 PLC 接线图，如图 5-4 所示。并按图接线。

(3) 根据本项目对皮带输送机的控制要求，列出需要设置的变频器参数及相应的值，如表 5-3。在设置参数时先将清除变频器设置，然后按表所示依次设置参数，参数设置结束后再将变频器设为运行模式。

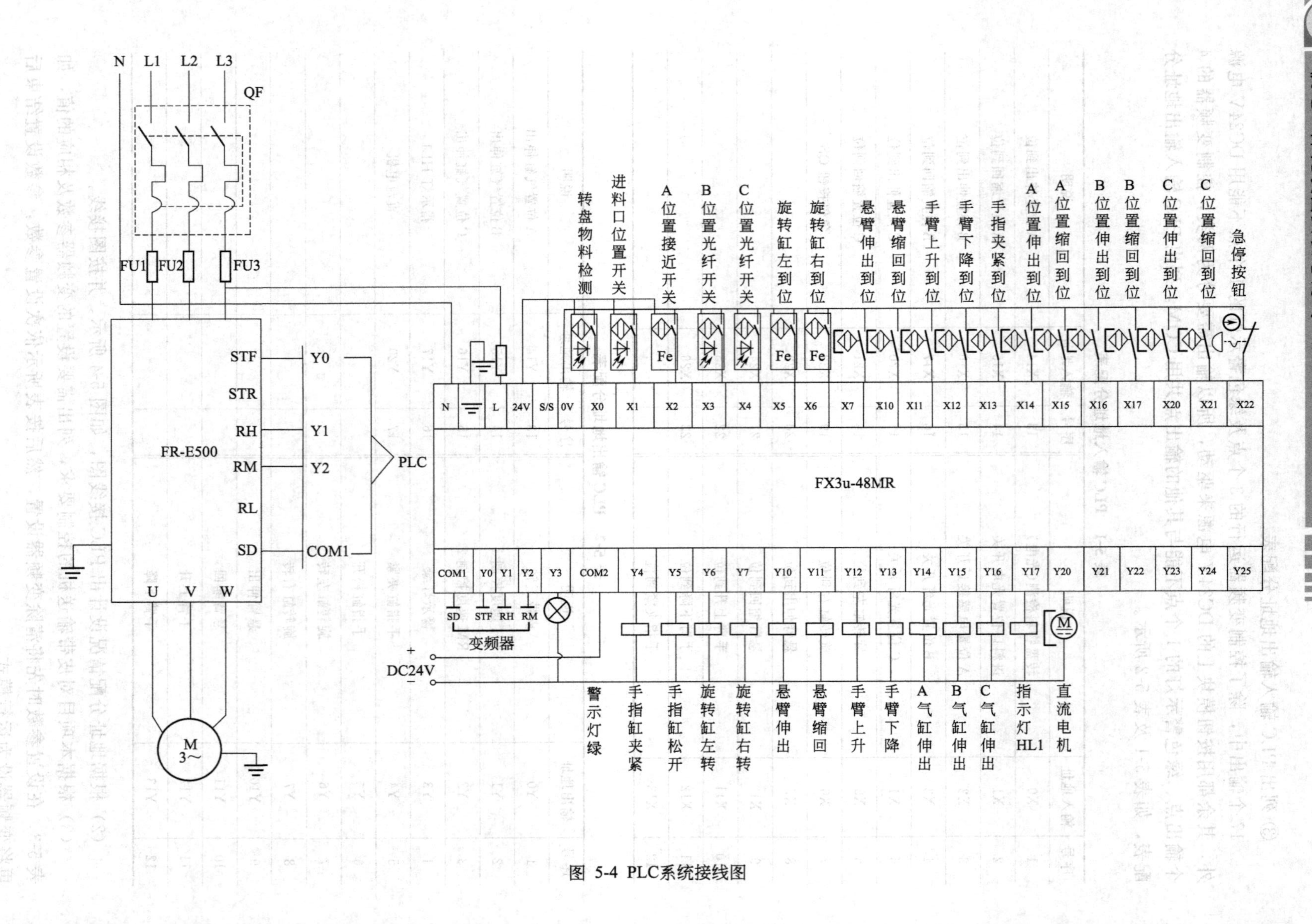

图 5-4 PLC系统接线图

表 5-3　变频器设置参数表

序号	参数代号	参数值	说明
1	P4	30Hz	高速
2	P5	20Hz	中速
3	P7	2s	加速时间
4	P8	0s	减速时间
5	P79	2	电动机控制模式(外部操作模式)

三、系统功能分析

1. 程序设计思路

由于在 YL-235A 设备中基本动作都是顺序控制，所以在设计动作的时候可以选择采用顺序功能图（SFC）编程。

2. 系统的功能分析

(1) 机械手部分

保证系统的各个部件在原位时，按下启动按钮，机械手会依照着下面的顺序作动作，整个机械手动作的触发信号顺序为：

按下启动按钮

第 1 步　料台电机转　物料检测到有料
第 2 步　手伸出　伸出到位
第 3 步　手下降　下降到位
第 4 步　手抓紧　抓紧到位
第 5 步　手上升　上升到位
第 6 步　手缩回　缩回到位
第 7 步　手右转　右转到位
第 8 步　手伸出　伸出到位
第 9 步　手下降　下降到位
第 10 步　手松开　松开到位（机械手夹紧信号的常闭触点）
第 11 步　手上升　上升到位
第 12 步　手缩回　缩回到位
第 13 步　手左转　左转到位

机械手的动作没有任何的分支，每个动作只有对应一个信号可使其转入下一步动作。程序的编写方法和结构可以采用单流程顺控图，机械手的有些动作要重复两次，但每次必须用不同的状态继电器，再根据状态继电器的作用找到对应的输出点进行输出转换。

(2) 传送带部分

传送带部分的控制可与机械手动作分开，但必须有连接的环节。当第 12 步开始执行时，也就是机械手放下工件后，就可以开始传送带的运行。传送带的动作只有四步：传动带正转、传送带停止、推料气缸伸出、推料气缸缩回。唯一不同的是不同材质的物料由不同的推料气缸推入不同的滑槽。

在这个任务中可以很方便地利用 SET 和 RST 指令来编写控制程序：当传送带检测到有料时，传送带正传运行。因为题目要求设备从左到右第一个料库分出金属工件，第二个料库分出白色工件，第三个料库分出黑色工件，所以把电感传感器安装在第一料库位置，光纤传感器安装在第二料库和第三料库位置。之后，调节光纤的灵敏度，使第二料库光纤检测不到黑色工件，但必须能检测到白色工件，第三料库光纤灵敏度调节到能检测到黑色工件。当传送带运行并且电感检测到工件后，驱动一号气缸伸出，伸出到位后缩回。并用一号气缸的缩回继电器和缩回到位信号确定传送带上的工件已分拣结束，并开始计时。当时间到时，让传送带停止运行。二号料库以及三号料库的分拣方法和一号槽一样。这里的一号料库、二号料库和三号料库是一个简单的分支关系。

当然对于一些复杂的传带处理功能程序也可以采用步进指令进行编程。

(3) 设备控制要点

程序主要包括供料、机械手、传送带分拣三大部分，要根据程序的要求采用合理的PLC 编程方法。

① 程序的主功能可以用单流程顺控梯形图实现。

② 供料程序要合理，为了保证能可靠抓到工件，当工件到料台时可以设置一个微调时间用以调整工件到料台上的准确位置。

③ 机械手动作的搬运过程设计要正确，为了保证运行的流畅性和可看性，可以在部分执行时间过短的动作上加上适当的延时，使整体动作看起来更平稳、流畅。

④ 传送带的分拣过程要可靠，当工件到达相应位置时，由于传感器可能灵敏度较高，会在工件到达的边沿就检测到信号，为了保证能够准确的到达位置，可以设置一个微调时间用以调整工件到达传感器下方的准确位置。

正常工作时设备在原点，按一下启动按钮，送料电机开始送料，机械手按规定动作搬运物料。这些动作都是常规动作，和以前要求的控制相同，可以用顺序控制编程方法实现；皮带输送机和皮带输送机上各气缸的动作根据不同的物料有不同的控制要求，所以需要用选择性分支结构。在启动时，若设备不在原点，则需要进行复位处理，所以在启动时也有一个选择性分支。指示灯部分可以单独放在顺控梯形图外，可以用经验编程法来实现。

(4) 采用三菱 PLC 进行编程，系统工作状态流程图如图 5-5 所示。

四、编写触摸屏画面

根据项目三的实例完成触摸屏画面。

五、PLC 程序的编写

1. 启动、停止、急停、送料机构及指示灯 HL1 程序的编写

启动、停止、急停、送料机构及指示灯 HL1 的程序在梯形图块中编写。如图 5-6 所示。启、停控制中加入原位标志 M0 的常开触点，是为了实现在原位下才能启动的控制要求。直流电动机控制用启动标志接通，直流电动机转动，工件输出。当转盘物料检测光电传感器检测到有物料时断开直流电动机。急停用的是特殊内部继电器 M8034、M8040 来实现，这样就可以实现禁止转移和禁止输出。指示灯 HL1 的控制，原位时常亮，启动后利用 M8013 实现 1s 内亮灭一次。

2. 回原位程序的编写

回原位时一定要按上升、缩回、左转的顺序进行，否则容易损坏机械手。回原位程序如图 5-7 所示。

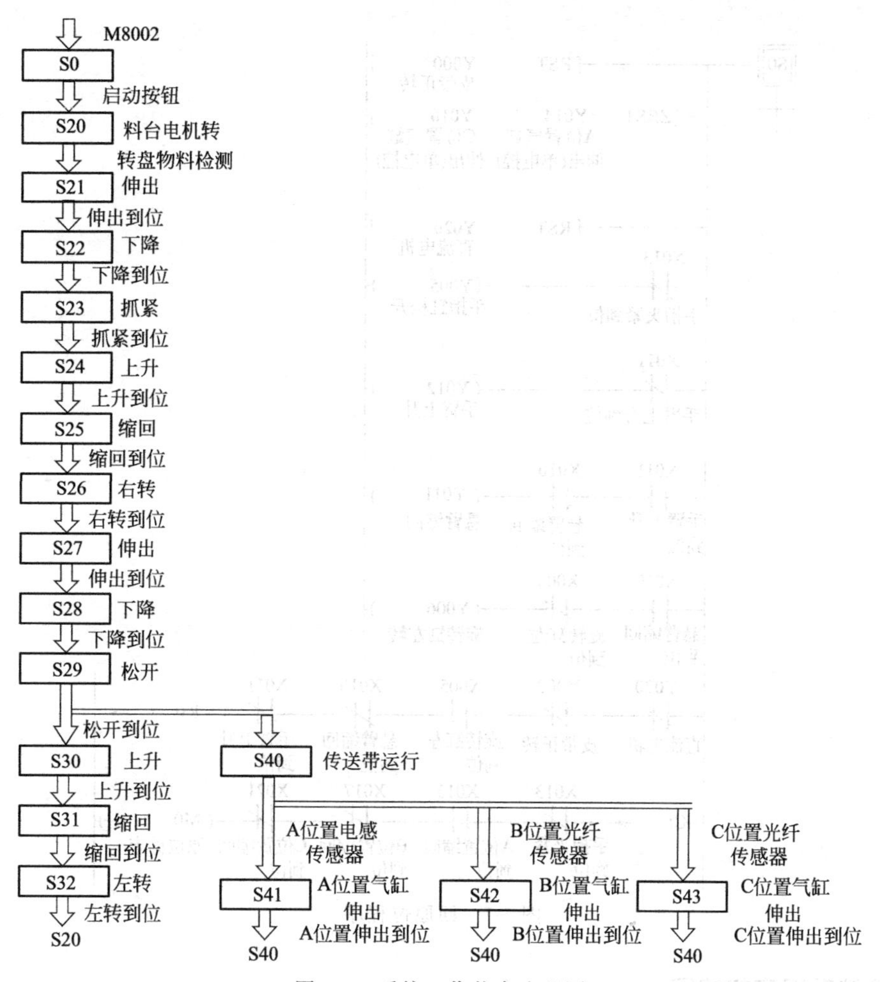

图 5-5 系统工作状态流程图

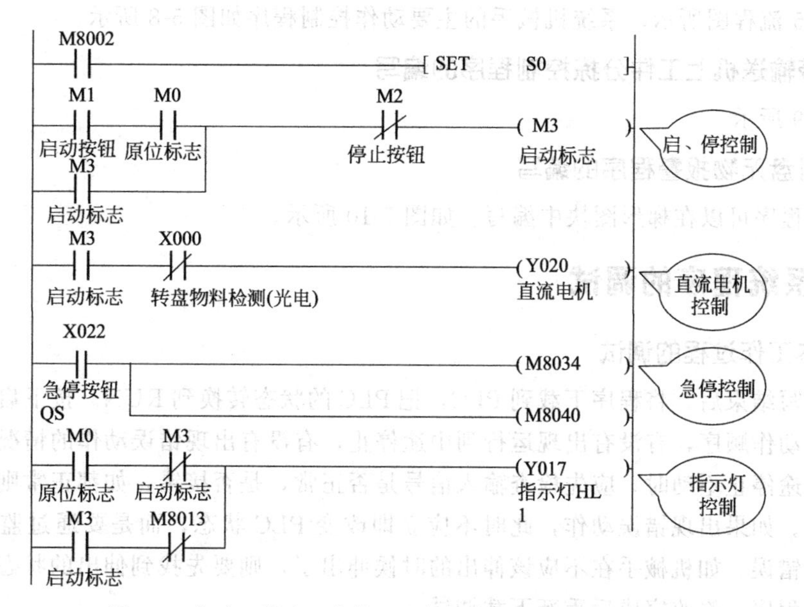

图 5-6 启动、停止、急停、送料机构及指示灯 HL1 程序

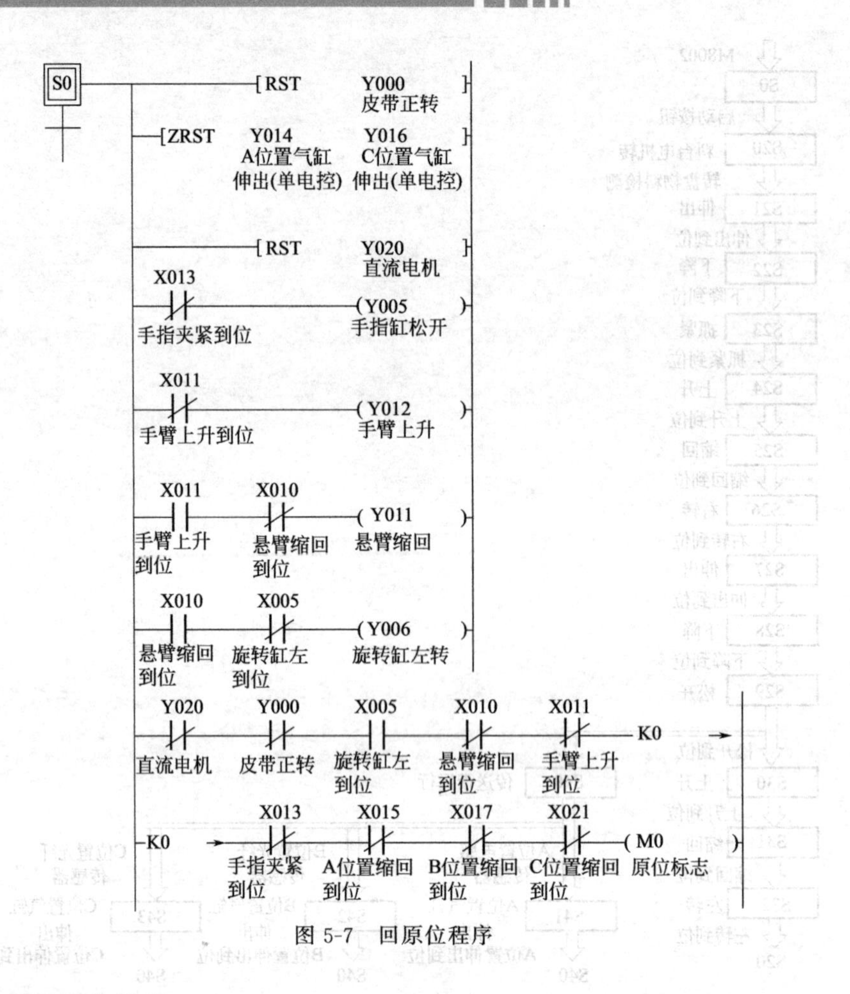

图 5-7 回原位程序

3. 机械手程序的编写

按图 5-5 流程图所示，系统机械手的主要动作控制程序如图 5-8 所示。

4. 皮带输送机上工件分拣控制程序的编写

如图 5-9 所示。

5. 供料盘无物报警程序的编写

这部分程序可以在梯形图块中编写。如图 5-10 所示。

六、系统程序的调试

1. 基本工作过程的调试

程序编写结束后，将程序下载到 PLC，把 PLC 的状态转换到 RUN。按下启动按钮，观察机械手的动作顺序，有没有出现运行到中途停止，有没有出现错误动作的情况。如果机械手运行到中途停止不动时，应先检查输入信号是否正常，是否接错，如都正常则查看程序中有没有写错。如果出现错误动作，此时不应立即改变 PLC 状态，而是要通过监控程序来找出程序中的错误。如机械手在不应该伸出的时候伸出了，则要先找到伸出的状态元件，找出原因，修改程序，修改完成后重新下载调试。

传送带部分在调试时可能出现第一次分拣正常，而第二次分拣时就会出错。此时应清除

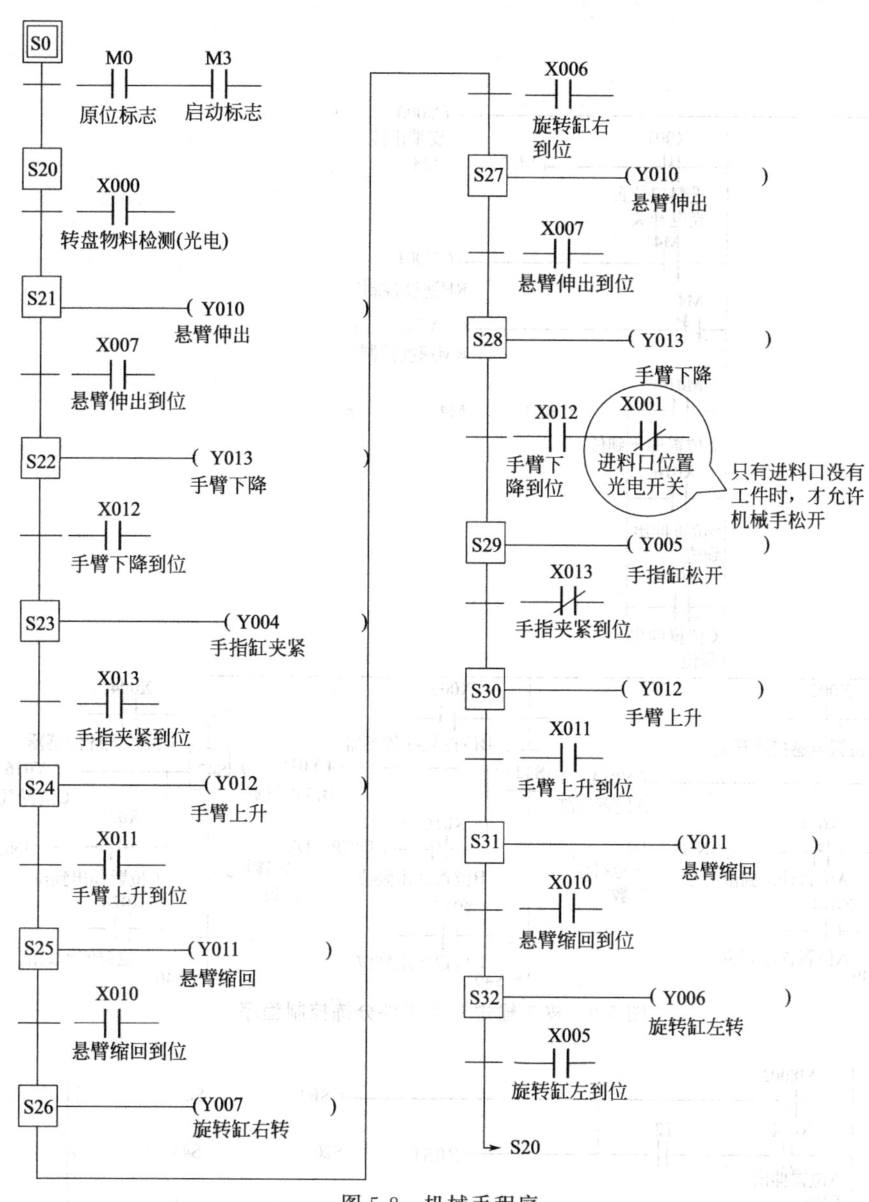

图 5-8 机械手程序

PLC 内存，重新运行一遍，在运行一次结束后观察是否所有传送带部分的状态都被清除，找出原因，并修改程序。

2. 控制功能检查

工作过程正常后，针对各技术要求进行以下调试：

（1）进行启动控制；

（2）设备工作时，观察皮带输送机的运行速度、触摸屏显示等是否满足要求。

3. 整理和清扫

调试结束后，整理好调试过程中用过的工具和仪表，检查实验台上是否有遗留的器材或其他杂物，将实验台和实验台周围清扫干净。

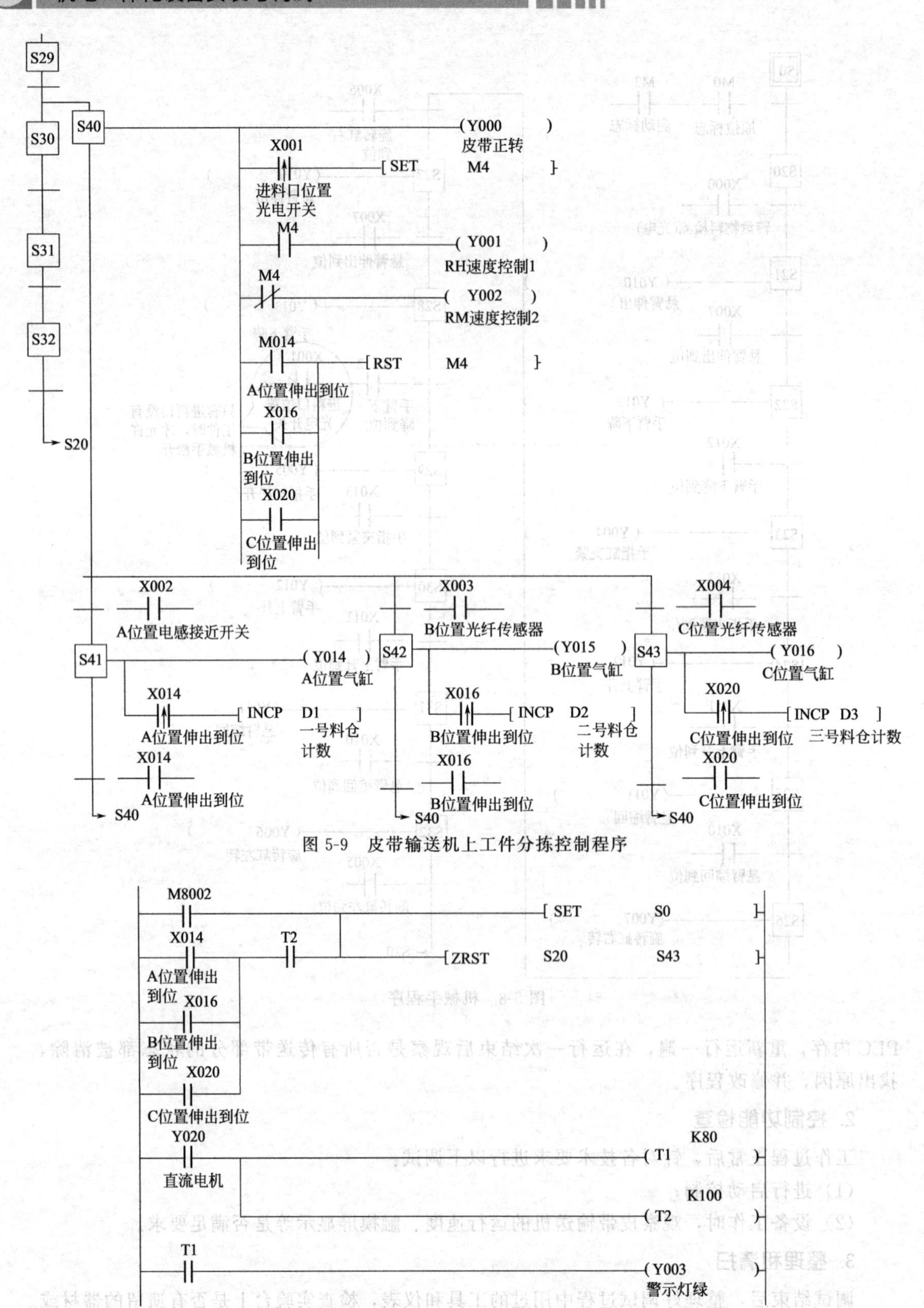

图 5-9 皮带输送机上工件分拣控制程序

图 5-10 供料盘无物报警程序

任务评价

组装部分评分表

项目	评分点	配分	评分标准	扣分	得分
部件组装 20分	皮带输送机安装	7	尺寸超差、四角高度差1mm、电机与皮带机明显不同轴、皮带松紧不合适、跑偏等，扣0.5分/处；螺栓、垫片位置、松紧等工艺规范，扣0.2分/个。		
	机械手安装	5	尺寸超差、各部件安装不合要求等，扣0.5分/处；安装不合工艺规范，扣0.2分/个		
	警示灯	3	尺寸超差扣0.5分/处，螺栓、垫片、松紧等，扣0.2分/个		
	转盘	3	安装位置与工艺规范符合要求得1分，螺栓、垫片位置、松紧等工艺规范，扣0.2分/个		
	端子排	2	尺寸超差、扣0.5分/处，螺栓、垫片、松紧等，扣0.2分/个		
气路连接 10分	电磁阀、气源组件	3	未按图纸选用电磁阀，扣0.5分；尺寸超差扣0.2分/处；安装不合工艺规范，扣0.1分/个		
	气管安装	3	气管过长、过短，扣1分；漏气，扣0.2分/处		
	气路布局及绑扎	4	气管敷设不符合要求，扣1分；绑扎间距不合规范、气管缠绕，扣0.1分/处		
电路安装 10分	导线与接线端子	2	没冷压端子、连接处露铜等不合工艺要求，扣0.1分/处		
	号码管及其编号	2	无号码管、编号与图纸不符扣0.1分/处		
	行线槽安装	1	行线槽不合工艺规范，扣0.1分/处		
	电路走向及绑扎	3	电路与气管绑扎在一起，扣1分；导线束不固定、走向不合理，扣0.5分；导线交叉、导线束固定与绑扎间距不合要求，扣0.1分/处		
	插拔线	2	不合要求，扣0.1分/根，绑扎不合要求的扣1.5分		
电路图 10分	图形符号	5	图形符号错误或不符合国家标准，扣0.5分/个		
	电路连接	3	错1条导线，扣0.5分，全错不得分。绘制不合工艺要求，扣0.1分/处		
	文字书写与标注	2	图纸幅面污损，扣0.5分。辨认困难、错别字、不合规范得标注，扣0.1分/处		
总得分					

功能与调试评分表

项目	项目配分	评分点	配分	扣分说明	得分	项目得分
复位	5	部件初始位置	5	不在初始位置时，不能执行复位操作扣1分；复位步骤不当扣1分。HL1闪亮不合要求，扣1分。 在初始位置HL1不常亮，扣1分		

续表

项目	项目配分	评分点	配分	扣分说明	得分	项目得分
工作方式	30	启动、停止	2	没有符合启动要求的，扣2分		
		Ⅰ槽	5	分拣不正确扣5分		
		Ⅱ槽	5	分拣不正确扣5分		
		Ⅲ槽	5	分拣不正确扣5分		
		机械手动作	10	机械手没有动作扣3分(或每个误动作各扣0.5分)，抓不住件，扣0.5分，歪斜不正扣0.5分		
		处理盘	1	处理盘不转或转动不正确扣1分		
		警示灯	1	没有按要求自动停止扣1.5分		
		急停	1	按下SB6，设备没有按要求停止，扣1分，按下QS没有急停扣1分，停止过后重新运行没有满足要求者各扣1分		
非正常情况	5	供料盘无物报警	5	不能报警扣2分，报警后不能停止扣2分。指示灯没有正确工作扣1分		
触摸屏	10	钟表	2	钟表显示当日比赛日期既可，具体时间不作参考，不符合要求扣2分		
		启动、停止	2	启动、停止、不符合要求各扣1分		
		三个槽的显示	6	显示不正确扣2分每处		

拓展练习

有一零件加工和分拣设备，工作过程及其要求是：

1. 设备的初始位置

启动前，设备的运动部件必须在规定的位置，这些位置称作初始位置。有关部件的初始位置是：

机械手的悬臂靠在左限止位置，手臂气缸的活塞杆缩回，手指松开。

所有推手气缸活塞杆缩回。

送料盘、皮带输送机的拖动电动机不转动。

上述部件在初始位置时，指示灯HL1长亮。只有上述部件在初始位置时，设备才能启动。若上述部件不在初始位置，指示灯HL1不亮，请自行选择一种复位方式进行复位。

2. 正常工作过程

接通设备的工作电源，工作台上的红色警示灯闪亮，指示电源正常。

(1) 启动、工作

若设备在初始位置，按下启动按钮SB4，设备开始工作，送料电机驱动放料盘旋转，物料从送料槽被推到物料抓取位置；当物料检测传感器检测到有物料，发出信号，送料电机停止，同时机械手悬臂伸出→手臂下降→手指合拢抓取工件→手臂上升→悬臂缩回→机械手向右转动→悬臂伸出→手指松开，工件放入皮带输送机入料口内→悬臂缩回→机械手转回原位后再重复上述过程。

设备在工作过程中，HL1 以 1Hz 频率闪烁。

工件到皮带输送机上后，有两种分拣方式，两种分拣方式只有在设备停止时才能转换。

分拣方式一：

当转换开关 SA1 置于“左”位置，启动分拣方式一，若皮带输送机上无物料，则传送带以 20Hz 的速度运行；若皮带输送机有物料，则传送带以 30Hz 的速度输送物料，根据物料性质，分别控制相应气缸动作，对物料进行分拣。分拣顺序为一号滑槽放金属工件；二号滑槽放白色工件；三号滑槽放黑色工件。

无论皮带输送机上是否有物，机械手搬运过来的物体都可以从落料口放入。

分拣方式二：

当转换开关 SA1 置于“右”位置，启动分拣方式二，启动后，在第一出料斜槽实现“金属/白色塑料”装配，不符合装配要求的金属工件和白色工件推入第二出料斜槽，黑色塑料工件推入第三出料斜槽，若传送带上有物料，则传送带以 25Hz 的速度前进，若传送带上无物料，则传送带以 20Hz 运行。

只有当传送带无物时，机械手才能将工件放入落料口。

(2) 停止

按下停止按钮 SB5 时，应将当前工件推料斜槽，并且回到初始位置后，设备才能停止。设备在重新启动之前，应将出料斜槽中的工件取走。

3. 设备的意外情况

(1) 供料盘无物报警

当送料电机旋转 8s 后，送料盘处的物料检测传感器仍未检测到物料，则绿色警示灯闪烁，提示尽快放入物料。若提示 10s 后，还未检测到物料，则设备在分拣完当前工件后停止在初始位置。

(2) 传送带工作异常报警

在分拣方式二工作时，工件到达皮带输送机上 10s 内没有推入出料斜槽，则说明皮带输送机运行有故障，则设备停止工作，蜂鸣器鸣叫报警，此时按下复位按钮后，蜂鸣器报警解除，解除报警 20s 内，操作任何操作按钮都无效，只有在 20s 后（表示故障排除后），才能操作设备。

附录 FX系列PLC通过LED判断故障一览表

发生异常时，请通过可编程控制器中的各种 LED 的亮灯情况确认可编程控制器的异常内容。

POWER LED 【灯亮/闪烁/灯灭】

LED 状态	可编程控制器的状态	解决方法
灯亮	电源端子中正确供给了规定的电压。	电源正常
闪烁	考虑可能是以下的状态之一。 • 电源端子上没有供给规定的电压、电流。 • 外部接线不正确。 • 可编程控制器内部有异常	• 请确认电源电压。 • 请拆下电源电缆以外的连接电缆后，再次上电，确认状态是否有变化。状态仍未改变的情况下，请联系三菱电机自动化(中国)有限公司
灯灭	考虑可能是以下的状态之一。 • 电源断开。 • 外部接线不正确。 • 电源端子上没有供给规定的电压。 • 电源电缆断开	• 如果电源没有断开，则确认电源和电源线路的情况。当供电情况正常时，请联系三菱电机自动化(中国)有限公司。 • 请拆下电源电缆以外的连接电缆后，再次上电，确认状态是否有变化。状态仍未改变的情况下，请联系三菱电机自动化(中国)有限公司

BATT LED 【灯亮/灯灭】

LED 状态	可编程控制器的状态	解决方法
灯亮	电池电压下降	请尽快更换电池
灯灭	电池的电压高于 D8006 中设定的值	正常

ERROR LED 【灯亮/闪烁/灯灭】

LED状态	可编程控制器的状态	解决方法
灯亮	可能是看门狗定时器出错，或是可编程控制器的硬件损坏	(1)停止可编程控制器，然后再次上电。 如ERROR LED灯灭，则认为是看门狗定时器出错。此时，请实施下列对策之一。 一 修改程序 扫描时间的最大值(D8012)不能超出看门狗定时器的设定值(D8000)，请进行此设置。 一 使用了输入中断或脉冲捕捉的输入是否在1个运算周期内反常地频繁多次ON/OFF? 一 高速计数器中输入的脉冲(占空比50%)的频率是否超出了规格范围? 一 增加WDT指令 请在程序中加入多个WDT指令，在1个运算周期中对看门狗定时器进行多次复位。 一 更改看门狗定时器的设定值 请在程序中，将看门狗定时器的设定值(D8000)修改成大于扫描时间的最大值(D8012)的值。 (2)拆下可编程控制器，放在桌子上另外供电。 如ERROR LED灯灭，则认为是受到噪音干扰的影响，所以此时请考虑下列的对策。 一 确认接地的接线，修改接线路径以及设置的场所。 一 在电源线中加上噪音滤波器。 (3)即使实施了(1)～(2)的措施，ERROR LED灯仍然不灭的情况下，请联系三菱电机自动化(中国)有限公司
闪烁	可编程控制器中可能出现了以下的错误之一。 • 参数错误 • 语法错误 • 回路错误	请用编程工具执行PC诊断和程序检查。 关于解决方法，请参考错误代码判断及显示内容
灯灭	没有发生会使可编程控制器停止运行的错误	可编程控制器的运行出现异常时，请用编程工具执行PC诊断和程序检查。 可能发生了[I/O构成错误]、[串行通信错误]、[运算错误]

参考文献

[1] 杨少光．机电一体化设备的组装与调试．南宁：广西教育出版社．2009.

[2] 孙振强．电气与 PLC 控制技术．济南：山东科学技术出版社．2009.

[3] 宋峰青．变频技术．北京．中国劳动社会保障出版社．2004.